神仏の森は消えるのか

―社叢学の新展開―

渡辺 弘之

Hiroyuki Watanabe

ナカニシヤ出版

まえがき

「社叢《しやそう》」とは、神社・寺院（仏閣）を取り巻く森のことである。「鎮守の森」といえば、簡単にわかっていただけるはずだが、本書では「鎮守の森」ということばを避けている。これは鎮守の森が一般には神社がもつ森だけを指し、森は神社にだけあり、寺院にはないと誤解されていることを気にしてのことである。確かに、都市にある大きな寺院では、塀に囲まれた広い境内には巨大な堂塔伽藍があるだけで、森はない。

しかし、高野山に金剛峰寺が、比叡山に延暦寺が開かれたのを見ても、寺院はもともと森の中につくられている。実際、現在でも、修行・法事のための静寂を保つために、寺院の周囲に森を維持しているところが多い。鎮守の森を神社の森だけとすると、この寺院のもつ森が排除されてしまう。寺院にも森があるとすれば、鎮守の森ということばだけでは十分でないということになる。そのことを気にしているのである。

その社叢、すなわち社寺の森は仏教の伝来以来、明治初年の神仏判然令（神仏分離令）で強引に分けられるまで、一三〇〇年もの間、神仏習合の中で維持されてきた。ずっと、いっしょだったのである。この事実からも、両者を明確に区別できないはずである。その社叢も判然令と同時に施行された上知令《あげちれい》（上地令）で、社寺は面積を大きく削られ、さらに合祀令で多くが合併されたことにより、その数も大きく減少した。社寺もそれを包む社叢も、その歴史の中で、大きく姿を変えたのである。

また、なぜ鎮守の森といって鎮守の林といわないのか、森と林のちがい、神社の森と寺院の森はちがうのかなど、さまざまな疑問が湧いてくる。神社・寺院をひっくるめて、社叢、すなわち「社寺の森」の見地から、その森の果たしている役割や現在直面している問題、その維持や保全について考えるのが、本書の目的である。

信仰の対象としての社寺が周辺の社叢を守り、逆に社叢の存在によって、社寺の静寂さ・森厳さが守られてきた。そこにある巨樹・巨木は社寺のたたずまいに風格と落ち着きを与えている。都市域では巨樹・巨木のあることで、そこに社寺のあることがわかる。両者、すなわち社寺と社叢は一体のものであり、社寺の森（自然遺産）が歴史的文化遺産を守り、歴史的文化遺産があったから自然遺産が守られてきたのである。その森は不入（いらず）の森・禁足地ともされ、その地域の原植生・極相林が残されている。実際に、貴重な動植物の分布・生息地として天然記念物指定を受けているところも多い。

一方で、社寺の森においては、献木による植林もまたよく行われてきた。明治神宮や橿原《かしはら》神宮の社叢は献木でつくられたものである。社叢の維持には、大面積でない限り、倒木のおそれのある樹木の伐採や侵入するタケの除去など人為的な管理も必要である。神社に植えられる樹木、寺院に植えられる樹木、神木（霊木）などについても紹介し、社叢を介した人と自然の歴史的な関わりにも焦点を当てたい。

古来より社寺は地域社会の中心となり、ものごとをここで合議し、約束事を決める場でもあった。しかし、現今の少子高齢化・人口減少・過疎化の中での、氏子・檀家（門徒）組織の弱体化、宗教離れで、その役割は大きく変化している。社寺の経営上の問題から、社寺そのものがなくなっている。神楽・歌舞伎など伝統文化の継承ができない、神輿《みこし》や山車《だし》を担ぐ人がいないなど、祭事・仏事、伝統行事が消滅しているのである。

その影響は社叢にも及んでいる。とくに、都市域では落ち葉の飛散、倒木のおそれ、カラス・ムクドリの塒《ねぐら》になることでの騒音・糞害、そして暗いことが防犯上問題だとされ、境内の樹木が伐採されている。さらに、社叢にも「マツ枯れ」や「ナラ枯れ」の発生、シュロ・モウソウチク・マダケの侵入がある。社叢には不入の森・禁足地の伝統があるとして、これを放置すれば、社叢のもつ生物多様性が維持できなくなる。現今の社寺の建物へのアライグマ、ハクビシンの侵入も社寺が無人になっている影響が大きい。

本書が社叢の成り立ち、果たす役割、そして現在抱えている問題など、社叢、すなわち、社寺の森・鎮守の森についての理解を深めていただく、一助となればうれしい。

渡辺　弘之

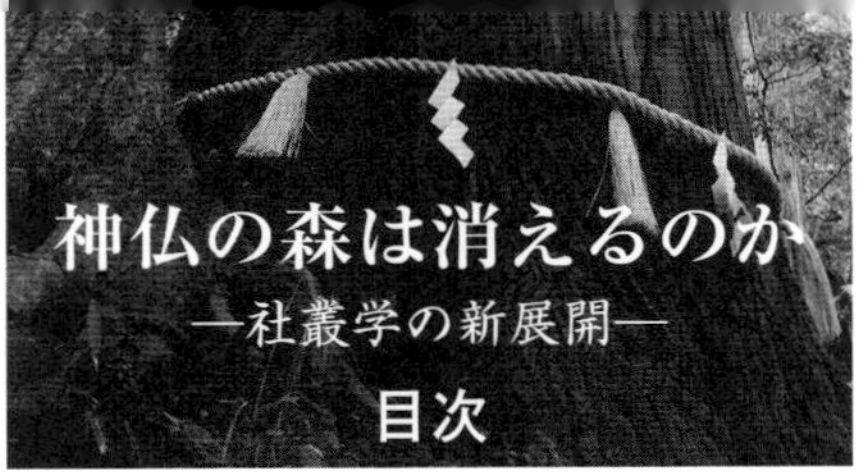

神仏の森は消えるのか
—社叢学の新展開—

目次

まえがき……3

第1章　社叢の成り立ち

カミ（神）とヤシロ（神社・社）……14

一　**カミ（神）はいるか**……14

カミは山、岩、巨木に降臨された／14

二　**八百万神の存在**……19

八百万神の根拠／19　神社の特徴／23

神仏習合と合祀令・上知令（上地令）……26

一　**神仏習合**……26

深く根づいていた神仏習合／26　七福神の不思議／30

狛犬が寺にあり、寺に鳥居がある／33

二　**上知令（上地令）**……37

社寺有地の強制割譲／37

三　**神社の合祀・合併**……40

一村一社を基本に／40

巨樹・巨木は社寺にある……46

一　**日本では巨樹・巨木はクスノキ**……46

巨木は社寺にある／46

二　**大きさ——どうやって測るのか**……51

巨樹は幹回りが三メートル以上／51
三　知りたくなる年齢（樹齢）……54
年齢推定もむつかしい／54
神の存在を知るかむとけのき（かむときのき）（霹靂）……56
一　雷は神鳴り……56
雷は神の存在を示す／56　道真の祟り伝説／58
二　雷と「くわばらくわばら」……60

第2章　森林とは──社叢も森林──
神社の森と寺院の森のちがい……64
一　鎮守府……64
鎮守の起源／64　きびしい掟／65
二　寺院の森も寺院を守る……67
寺院にもある森／67
森か林か……70
一　密林と疎林……70
森林の定義／70
二　森と林……73
出雲国風土記の中の母理郷（もりのさと）と拝志郷（はやしのさと）／73

三　森と杜……76
森と杜はどうちがう／76
四　森と水……79
社寺は清水の得られるところにつくられた／79　雨乞い／82　ため池と棚田／85

森は天然林、林は人工林か……87
一　人が植えたかどうか……87
明快に区別できるか／87
二　里山は天然林？……89
植えていない里山／89　山親父・あがりこ／92
三　天然林の中に苗木を植える（更新補助作業）……95
大木だけを伐る／95

森林の構造……97
一　面積当たりの本数の制限……97
二　原生林は平衡状態……100

第3章　人と社叢の関わり

献木と社寺での植林……104
一　献木の伝統……104
社寺にある献木・記念植樹／104　社叢の林相も変わる／107

二　社寺での植林の歴史……109
高野山金剛峰寺／109　比叡山延暦寺／111
三　献木での社叢の造成……113
伊勢神宮／113　明治神宮／115　橿原神宮・近江神宮・平安神宮／117
献木には願い・祈りが込められている／118
四　環境保全林……120
鎮守の森を模範とする／120
社寺に植えられる樹木……122
一　神事・仏事に使われる樹木……122
サカキ（榊・真榊）／122　シキミ（樒・梻）／126
二　神仏にゆかりの樹木……127
三　神木（霊木）……131
注連縄を巻かれ、大切にされてきた社寺の巨樹・巨木／131
クスノキ（楠・樟）／133　原生林にないクスノキ／135
スギ（杉・椙）／136　ヒノキ（桧・檜）／138　コウヤマキ（高野槇）／141
社叢と生物相……143
一　都市の中の緑地……143
二　昆虫相……146
調べられた伊勢神宮と明治神宮／146

三　食草・食樹と昆虫……148
四　最後の逃げ場……151

第4章　社叢の現代的役割

社叢の果たす役割と問題点……156
一　東日本大震災で果たした神社の役割……156
神社も住民も消えた／156　救援の基地／158
二　社叢の果たす役割……160
癒しの森／163
三　社叢が抱える現代的問題……166
寄せられる苦情／166　不入の森の伝統と放置は別物／168
社叢は公共の文化財……171
一　社寺と社叢は一体のものだ……171
二　神仏の前での話し合い……174
参考文献……177
あとがき……180

神仏の森は消えるのか

——社叢学の新展開——

〔扉写真〕

大扉　小浜市若狭姫神社

第1章　京都市醍醐寺

第2章　奈良市春日大社春日山原始林

第3章　京都市大文字山から

第4章　大津市大日堂

第1章　社叢の成り立ち

カミ（神）とヤシロ（神社・社）

一　カミ（神）はいるか

カミは山、岩、巨木に降臨された

社叢、すなわち「社寺の森」について述べたいのだが、そのためにはまず、その神社の森・鎮守の森にあるヤシロ（社・神社・屋代）・ミヤ（宮・御屋）、そして、そこに祀られるカミ（神）について、まったく触れないわけにはいかないだろう。私は宗教学者でも神道学者でもないし、外国訪問の際の入国申請書の宗教欄にも「なし」と書くほどだが、何となく「神仏」の存在は信じている。

それは「お変わりありませんか」と尋ねられたとき、つい、でてくる言葉「おかげさまで」につきるからだ。この言葉は奈良時代から使われているそうだが、今日、私が感じている「今、私に命があるのも、神仏・先祖のおかげ」という思いが、先祖たちによって脈々と受け継がれてきたのだと思うと感慨深い。「おかげさまで」と口にするとき、つい神仏の存在を意識してしまうのは、このあたりに由来するのかも知れない。カミと先祖の霊は別物だともいわれるが、人は死んでタマ（魂・霊）となり、ついにはカミになるようだ。住まいの近くの氏神様など、明らかにそうだろう。

信仰心の少ない私であるが、神仏の存在を実感するのは、西行法師が伊勢神宮を訪ねたときに詠んだ歌「何ごとの在《ま》しますかは知らねども、かたじけなさに涙こぼるる」に共感を覚えるからだ。元日の朝、近くの神社へ初詣に行き、家族の健康をお願いしてくる。本殿の前での一礼のときに、神仏はいる、そんな気になる。この気持ちは多くの日本人のもつものと同じであろう。もう一つはまったく後ろめたいところはないのだが、「お天道さんがみている」をかなり気にしていることだ。カミ（神）について、私の認識はその程度であることをまずは知っておいていただこう。

社叢が社寺を守る
（涌出宮・和伎座天乃夫岐売（わきにいますあめのふきめ）神社　京都・木津川市棚倉）

日本のカミ（神）はもともと、山、岩、巨木（樹木）などに降臨するものとされてきた。降臨した神が宿るところを依《よ》り代《しろ》といった。山の場合は甘南備・神奈備・神名樋・神名火《かんなび》あるいは御室《みむろ》、岩を磐座《いわくら》（石座）、石で神聖な場所を示した磐境《いわさか》、樹木は神籬《ひもろぎ》などといった。実際、富士本宮浅間《せんげん》神社は富士山、雄山《おやま》神社は立山雄山、白山比咩《しらやまひめ》神社は白山《はくさん》、岩木山神社は岩木山がご神体で、山は「神体山」とも呼ばれる。当然、もとは山頂まで境内地・所有地であったのだろうが、現在では山頂に奥宮（山宮）が安置されているものの、本宮（里宮）との間は国有地に変換されている。奥宮に国有林使用の標識が立っていることがある。多分、あとで述べる明治初年の上知令《あげちれい》（上地令）で割譲されたのであろう。

　仏教が伝来し、神仏習合が進み、山岳宗教が盛んになると、山頂には神に代わって仏がいるとされ、槍ヶ岳は播隆《ばんりゅう》上人、御嶽山《おんたけさん》（御岳）は役小角《えんのおづぬ》の開山ともされるが、富士山、立山、白山など霊山とされるところは、いずれも修験者（行者）によって開かれたのである。神に代わってといったが、神と仏は同体だったはずだ。剣岳（剱岳）に明治四〇年（一九〇〇）陸軍陸地測量部が初登頂したとき、そこには錆びた鉄剣と錫杖があったとされる。先に登った人がいたのである。太陽を背にしたとき、霧の中に現れるブロッケン現象を仏が姿を現したと信じたのである。影の周りには光の輪を伴う。まさしく仏像だ。日の出を見ることは御来光だが、仏を見るのは御来迎《ごらいごう》という。

　奈良・桜井市の大神《おおみわ》神社は三輪山《みわやま》（御室山）（標高四六七メートル）自体がご神体で、現在でも拝殿はあるが本殿はない。京都・賀茂別雷《かもわけいかづち》神社（上賀茂神社）も御影山・御生所《みあれ》山とも呼ばれる神山《こうやま》がご神体、賀茂御祖《かもみおや》神社（下鴨神社）も比叡山の麓にある御影神社へご神体をお迎えに行く。松尾《まつのお》大社では松尾山の磐座がご神体である。奈良・春日大社でもご神体の御蓋山《みかさやま》山頂に小さな本宮神社があり、山麓の大社近くに遥拝所がある。和歌山県新宮市の神倉神社のご神体は権現山のゴトビキ岩、熊野那智大社別宮の飛瀧《ひろう》神社は那智の滝自体がご神体で、ここには鳥居があるだけで社殿はない。

　信濃国一の宮の諏訪大社では下社秋宮はイチイ、下社春宮はスギの巨木がご神体である。鈴鹿市南長太の大木神社は、名のとおりご

大神（おおみわ）神社の御神体　三輪山　（井寺池から）

神体の三重県指定天然記念物の大楠（長太の大楠）と、式内社大木神社の石碑があるだけだ。

社殿がなく、小さな森や樹木が対象となる信仰は鹿児島・指宿《いぶすき》や鹿屋《かのや》の森殿《もいどん》、福井県若狭地方のニソの森と呼ばれるものなど、各地に残っている。ここには小さな鳥居があるくらいで、社・祠はないことが多い。

元来、神は山、岩、巨木に宿り、そこがご神体だったのだが、現在では多くの神社がご神体を祀った本殿（正殿）を中心に、まず身を清める手水舎《ちょうず(てみず)しゃ》、神饌《しんせん》を置く幣殿《へいでん》、賽銭《さいせん》を入れ礼拝する拝殿、御神楽《みかぐら》の奉納など神事に使う神楽殿、神輿《みこし》などを入れる神庫《じんこ(ほくら)》、そして社務所などが、瑞垣《みずがき》と呼ばれる垣で囲まれている。神社では一の鳥居から本殿へ続く参道の玉砂利も大事だ。さくさくと踏むと、やはり特異な感情が湧いて威儀をただす。この参道は参拝するための道ではあるが、同時に、神様が通られるところともされ、参拝者は中央を歩かず縁を、それも左側を歩かないといけないとされている。奄美大島の小さな漁村では神社の参道でなく、村落内に神も通られる道があり、そこには神の通行を邪魔するものをおいてはいけないとされている。

神社・寺院へ行くことを「おまいり」というが、神社の場合は「お参り」、寺院には「お詣り」を使う。しかし、「参詣」ということばもある。これは両者に使える。

カミ（神）はまず山や岩に降臨された。そこを森が守った。古来、森はカミ（神）がおられるところだとし、そこが「不入《いらず》森・禁足地」とされ、その後、神を崇めるためそこに拝殿がつくられたのだが、いつのまにか神は本殿に移られ、かたちのある鏡や玉がご神体とされるようになった。社殿を守る森がつけたしのように扱われている、本殿に移された神も窮屈な思いをされているようだ。

明治一二年（一八七九）のいわゆる琉球処分によって琉球は沖縄県となったが、琉球の神々は日本の神社のカミ・神とは認められなかった。沖縄ではカミは海のかなたニライカナイからやってくる。カミを迎える場所・遥拝所をウタキ（御嶽）とか御願所《うがんじゅ》というが、その多くは森、そこには樹木に囲まれ簡単な祈りのための小屋があるだけで、本殿もなければご神体もない。

沖縄最高のウタキとされる沖縄本島南部の南城市のセファーウタキ（斎場御嶽）は大岩のすき間の海の彼方に聖地の久高《くだか》島が臨める。しかし、石垣島などには鳥居をもったウタキもある。鳥居の設置は琉球処分以降、それも、つい最近のことであろう。

斎場（セーファー）御嶽　（沖縄本島・南城市）

仏教には明確な創始者・教祖のブッダ（仏陀・釈尊・釈迦）と経典が、キリスト教にはキリストとバイブル（聖書）が、イスラム教にはマホメット（ムハンマド）とコーランがある。ところが、神道は絶対神・創始者・開祖がなく、教義もないという特殊な宗教らしい。それも八百万《やおよろず》の神がおられるというのだから自然宗教・アニミズム（精霊崇拝）とも解釈できるようだ。日本には八百万もの神がいると具体的な数字をあげると外国人はびっくりする。逆にいえば、お一人ではほとんど何もできないようだ。日本の神様はどうも全知全能ではないということらしい。

二　八百万神の存在

八百万神の根拠

神様は実際、たくさんおられる。『延喜式』（延喜五年、九二七）には二七編もの祝詞《のりと》が掲載されている。もっとも知られているものが、大祓詞《おおはらえのことば》で、六月と一二月の晦日《みそか》に天下の罪・穢れを祓う大祓のため宮中や神社で奏上されたものである。その中に、「八百万の神」とある。八百万の神がいるとされる根拠である。そのもとは古事記の中で天石屋戸《あまのいわやと》に天照大神が隠れたとき、天宇受売命《あまのうずめのみこと》がツルマサキを頭に飾り、ヒカゲノカズラを肩から胸にたすきにしササの葉をもって神憑りして桶の上で踊った際に、八百万の神が大笑いしたとあることに由来するのは確かであろう。

神話の中の神、神社に祭られる神、すなわち、天照大神、素戔嗚尊《すさのおのみこと》（須佐之男命）や大国主命《おおくにぬしのみこと》以外にも、怨霊となった菅原道真を祀る北野天満宮や太宰府《だざいふ》天満宮、崇道《すどう》天皇を祀る崇道神社、近世になっては豊臣秀吉や徳川家康など個人が神として祀られた。家の中にも竈《かまど》の神、納戸の神、厠《かわや》の神、土間の神様、板間の神様、さらには疫病神、疱瘡神、貧乏神までいる。歳徳神《としとくじん》（歳神）は恵方を司る神だという。東北地方で信仰されるオシラさまはカイコの神様だ。クワノキ（桑）でつくられた一対の人形をご神体とし、家屋内に祀られる。身近なところには怒らせると怖い「山の神」もいる。商売・サービス業の方にとっては「お客さまは神様」だとされる。お客さんとして来てくれた方が、一時みんな神様になるのである。

カミは自然神（日神、月神、風神、雷神、火神、山神、海神など）、生活神（農業、工業、商業、漁業、航海など）、人間神（英雄、非業の死を遂げた者、怨霊など）に分けられるとされる。

歴史学者の上田正昭は「カミ」と「神」を同一視するわけにはいかない、固有名詞をもたない「カミ」と固有の名詞を帯びる「神」に分けて考える必要があるとしている。日本の神々の神格は多様で、アニミズム（精霊崇拝）的な「タマ」「モノ」のカミもあれば、霊威神・先祖神・職業神・常世神・今来神《いまきのかみ》・怨霊神などの神、氏族の先祖神としての血縁的な氏神もあれば、それぞれの生まれた故郷あるいは居住の地域の守護神としての産土神《うぶすながみ》も鎮座する。海・山・鳥獣草本のたぐいの神から人間神など、日本の神々は多彩だと述べている（上田正昭『身近な森の歩き方』二〇〇三年）。

歳徳神・歳神様は門松を目印にお正月に来られ、晴れ着に着飾った人々と年賀の言葉を交わし、お屠蘇《とそ》・お節料理を堪能され、残った正月料理に飽きたころ、七草粥を召しあがったあとで帰って行かれる。年に一度だけ来られるということだ。ご先祖様でもあるようだし、そうでもないようだ。「来てうれしい、帰ってうれしい」とは孫たちだが、そうなると孫も歳神さまと考えたら、世の中少しは穏やかになるようだ。つい最近、お正月に厠の神様に灯明をあげておいたところ、蝋燭が倒れ火事になったというニュースがあった。厠の神様を大事にしている家庭もある。

奈良県・吉野林業の中心地川上村で古い造林地を訪ねたとき、お昼をいっしょにした案内の村の人が、弁当を一口だけ残した。たった一口だけ、食べられる量なのにと思った。なぜ残したのか尋ねると、ヒダル神に取り憑かれたときに、食べるためだという。山中で突然、激しい空腹・飢餓、疲労感に襲われ、そこから一歩も進めなくなることがある。ヒダル神に取り憑かれたのである。そのとき、すぐに何かを食べれば動けるようになる、そのため、いつも一口残してもち歩くのだという。わずか一口でも残すのはもったいないことだと思ったが、動けなくなる予防、動けるようにとの保険だったのだ。

別のところで、ヒダル神に取り憑かれたとき、それも食べるものが何もないときは、手のひらに「米」と書いたらいいのだとも聞いた。これなら、全部食べて何も残さなくてもいいことになる。このヒダル神伝説は西日本各地にあるようだが、登山者が非常食をもつことと通じるものであろう。奈良・東吉野村の峠の国道わきにヒダル地蔵という小さなお堂があった。この地蔵がヒダル神から守ってくれるというのである。ヒダル神とヒダル地蔵、おもしろい関係だ。

産神《うぶがみ》は妊娠から出産まで母子を守る神だ。福岡県・宇美町の宇美八幡宮にはたくさんの丸い子安石が置いてある。安産祈願に一つ借りてきて、出産後に二つにして返すのである。それぞれの土地の神を産土神とか産神というようだが、高野山を開いた弘法大師空海はこの地の産土神の高野（狩場）明神と丹生都媛《にうつひめ》の案内を受け高野山に登り、開山の許しを受けたとされる。現在でも、山内に両神を祀った神社がある。そんな広い土地でなくても、建物を建てるときには四方にマダケを立て、注連縄《しめなわ》を張りそれに紙垂《しで》を挟む。その中央に八脚台を置き、地鎮祭をする。その際は餅をまくのが通例であった。その土地の神に無事の竣工を願うのである。

来訪神とは仮面や衣装をつけた異形の姿で家々を訪ねる男鹿《おが》半島のナマハゲ、甑島《こしきじま》のトシドン、宮古島のパーントウなどのことで、ユネスコの無形文化財への登録を目指しているものだが、これらが訪れることで幸福をもたらすとされる。これらも神様ということだ。

長野県・諏訪からビーナスラインの和田峠を越えた中仙道の宿場町和田村（現・長和町）に蚯蚓《みみず》神社がある。小さな本殿の中には古い祠が残され、それには表に「蚯蚓大権現　奉再建村中安全五穀成就守護」とあり、裏には「慶応四辰年七月初日、彩雲山龍寶院」とあった。神仏習合時代のものだが、ミミズも大権現・神様になって、村の安全と五穀の豊穣を守っていた。

福島県喜多方にはラーメン神社がある。鳥居が割り箸をイメージしたものだ。ラーメンが神様ということだろうか。八百万もおられるのだから、あってもおかしくないだろう。まさかと思って、調べてみると香川・大原野町には讃岐うどん神社（丸金うどん神社）があった。こちらの方は祭神は豊受比売大神《とようけひめのおおかみ》と倉稲魂大神《うかのみたまのおおかみ》ということだ。

神は必ずしもありがたい存在とは限らないようだ。先のヒダル神のように、禍津日神《まがつひのかみ》という災いを導きだす神とそれを問いただす直毘《なおひの》（日）神《かみ》がいるという。疫病神、疱瘡神、貧乏神までいるということだ。カミ（神）が私たちを救うだけでなく災いをも与えるのである。私たちの運命は神の意のまま、逆らえないものと思っていたが、安倍晴明は人には見えず自分にだけ見える式神（識神）を自由に操っていたとされる。陰陽師の命令に従って式神は変化自在に、不思議な災いを与えたという。人が神を操ることができたのである。

厄病を招く疫病神を退散させるには比叡山延暦寺の元三大師《がんざんだいし》（角大師）像のお札が効くようだ。比叡山延暦寺西塔、大津の西教寺、鳥取の三徳山《みとくさん》三佛寺にもこのお札があった。あばら骨が浮きでて角のはえた鬼のような絵である。インターネットで検索すると全国のいくつかの社寺でこのお札がもらえるようだが、少しずつ、絵がちがう。疱瘡神は疱瘡（天然痘）を招く厄病神であるが、この疱瘡は天平七年（七三五）に新羅《しらぎ》からもち込まれたとされる。当時の日本人はまったく免疫がなかったのだから、ひどい蔓延であったようだ。この疱瘡神はなぜか犬と赤い色が嫌いだとされ、疱瘡の侵入防止のため玄関に赤いお札を貼った。金太郎人形が赤い腹掛けをしているのも疱瘡除けである。今でも子供用の、〇の中に金と書かれた金太郎腹掛けが売られているし、祭礼で神輿を担ぐ人たちは黒い腹掛けをしている。

神社の特徴

神道の特徴の一つは、神社の社殿・ミヤ（御屋）が質素なことであろう。社殿の多くはヒノキ造りだが屋根は多くは桧皮葺《ひわだぶ》きで、つくりも簡単である。弥生時代の高床式家屋にも似ている。明治時代、日本に長く滞在したイギリス人で東京帝国大学でも教えた日本研究家バジル・チェンバレンは『日本事物誌』（高梨健吉訳、平凡社・東洋文庫、一九六九年）を書き残しているが、その中で「神道の社殿は原始的な日本の小屋を少し精巧にしたかたちで、茅《かや》（萱）葺の屋根で作りも単純、内部は空っぽである」と述べている。唯一神明造りとされる伊勢神宮内宮の御正宮は丸柱掘立式の茅葺切妻で棟持ち柱がある。外見はよく見ているが、その背景・カミ（神）への理解は足りなかったようにも思う。信濃国一宮は一社四宮という珍しい神社だが、その下社秋宮の神楽殿の屋根はサワラの柿《こけら》葺き、御拝殿は桧皮葺き、そして神木前の神輿を入れる御宝殿は茅葺きである。古い神社建築の様式を残している。

柿葺きの諏訪大社下社秋宮

ヨーロッパのキリスト教の教会や礼拝堂、東南アジアや中東のイスラム教のモスク、そして仏教でもミャンマー、ヤンゴンのシュエダゴン・パゴダなど、いずれも壮大・絢爛豪華なものである。日本でも、京都の東本願寺、西本願寺、知恩院、南禅寺、醍醐寺、仁和寺、大阪の四天王寺、奈良の東大寺などでは、その境内は広く、そこに巨大な堂塔伽藍が立ち並ぶ。その大きさにくらべれば、神社本殿の規模はどこも小さい。伊勢神宮の内宮・外宮などまさにそうだろう。

　神社建築はシンプルだといったが、これでは誤解を与えることにもなる。例外的に豪華なものもある。日光東照宮、富士浅間神社、諏訪大社などの楼門には豪華な彫刻が施されていることを知っておられよう。これら神社の彫刻を宮彫といい、立川流彫刻として中部・関東の有名神社に彫刻を残している。とはいえ、やはり神社の社殿はシンプルだといっていいであろう。ところが、この神社からでてくる神輿、山車《だし》などが、金色に輝く派手な色彩であるのも不思議だ。

　神社の存在は鳥居のあることでわかる。神聖な場所、結界を示すもの、神社を象徴するものだ。普通、二本の柱とその上にのせた笠木、その下に水平に柱を結ぶ貫《ぬき》からできている。笠木や貫が水平な神明鳥居、笠木が反り返り貫が柱を貫き、扁額（額束）のかかる明神鳥居のほか、大津・日吉大社などでは明神鳥居の上に三角形の破風《はふ》の屋根がのった山王鳥居である。これは仏教の胎蔵界、金剛界と神道の合一を表すとされる。よく見るとそれぞれの神社系で多様な鳥居がある。私自身は鳥居は伊勢神宮内宮のような木造のシンプルで額束のかかっていない、いわば地図の神社の地図記号（⛩）のような神明鳥居がいいと思っているが、実際に多いのは明神鳥居の方である。

　黒木とも呼ばれる丸太そのままのものが基本であるが、石、銅・

三つ鳥居（桜井市・檜原神社）

鉄などの金属、さらには、大きなものではコンクリート製のものが多い。色は稲荷神社系に限らず赤い鳥居のところが多い。京都の御金《みかね》神社の鳥居は文字通り金色だ。金運の神様だというが、ちょっと金色がけばけばしい。

桜井市・大神神社拝殿の後ろ、すなわちご神体の三輪山のまえには有名な三つ鳥居がある。これは鳥居を横に三つつないだようなもので、近くにある摂社の檜原《ひばら》神社にもある。この三つ鳥居はオオカミ信仰のある秩父の三峯《みつみね》神社にもある。また、大神神社拝殿、摂社の狭井《さい》神社や檜原神社の鳥居は二本の柱の間に注連縄が掛かっているだけだし、京都・木嶋神社（蚕《かいこ》ノ社《やしろ》）（木嶋坐天照御魂《このしまにますあまてるみたま》神社）や対馬・和多都美《わたつみ》神社には三柱鳥居がある。これは鳥居を上から見て三角形に組み合わせたものだ。鳥居にも神社ごとでちがいがある。

古来、日本人はあらゆる事物・現象に「タマ」「モノ」という霊的存在が関わっていると信じていたのである。「魂《タマシイ》」、「物《モ》の《ノ》怪《ケ》」、「言霊《コトダマ》」といったことだ。人は死んでタマとなり、神々になった。日本にたくさんのカミ・神がおられることはまちがいない。多様なカミ・神がいるが、それらはいずれもお社に祀られる。そのお社を森が守る。森があることでお社が守られ、そのお社が地域住民の寄合の場となり、この神前で約束事が決められたのである。

本居宣長《もとおりのりなが》は『古事記伝』の中で、カミ・神を「さて、凡《すべ》て伽微《かみ》とは、古《いにしえの》御典等《みふみども》に見えたる天地の諸々の神たちを始めて、其《そ》を祀れる社に坐《いま》す御霊をも申し、又人はさらずに云わず、鳥獣木草のたぐひ海山など、其余《そのほか》何にまれ、尋常《よのつね》ならずすぐれたる徳《こと》のありて、可畏《かしこ》き物を迦微とは云うなり」と述べている。それは仏教の「一切衆生悉有仏性」、「草木国土悉皆成仏」すなわち、すべてのものは仏心をもち成仏するというのと相通ずるものであろう。

神仏習合と合祀令・上知令（上地令）

一　神仏習合

深く根づいていた神仏習合

鎮守の森を神社に固有のものだとする考えがある。実際、いくつかの鎮守の森に関する著書、それも神道関係者によるものでは、そのことが強調されている。しかし、神道と仏教、神社と寺院は長く、また深く結びついてきたという歴史を無視してはいけない。社叢を考えるにも、このことを理解しておくことが必要である。

元旦には門松を飾り、初詣、節分、結婚式、初宮参り、七五三は神社で、お葬式・法事は寺院で行い、春・秋の彼岸

門松（京都・宮川町）

にはお墓参りをする。秋の収穫を祝う例祭には神輿がでる。大晦日には除夜の鐘をつく。初詣に寺院へ行く人も多い。初詣の全国人出ランキングは明治神宮、成田山新勝寺、川崎大師平間寺、東京・浅草寺、伏見稲荷大社、鶴岡八幡宮の順だ。生活の中に神道と仏教は今でも深く根づいている。

仏教の伝来は飛鳥時代の宣化天皇三年（五三八）あるいは欽明天皇一三年（五五二）に百済の聖明王から釈迦仏像を贈られたことに始まるとされる。仏教受け入れ派の蘇我氏と拒否派の物部氏の争いがあったとされるが、仏教は庶民にとってはまだまだ遠い存在であった。争いは宗教上のことでなく、政権上の勢力争いでもあったようだ。仏教の伝来が朝鮮半島に近い九州を飛び越えて大和へ直接来たのでなく、先に九州で受け入れられていたのではとの説もあるようだ。

仏教の普及、その拡大のためには、その教義を理解し、それを伝える僧侶がいないといけない。しかし、五度もの失敗の後、鑑真（六八八〜七六三）が中国から来日し東大寺に戒壇院を築くまで「戒」を与える受戒、すなわち仏教を理解した僧侶の養成はできなかった。庶民の間に仏教が浸透するのは法然、親鸞、一遍、日蓮などが布教を始める鎌倉時代以降とされる。仏教も外国から来た神様のお一人、蕃神《ばんしん》（仏神）との扱いで、きつく排除されることはなかったようである。八百万ものカミ・神がおられるところ、知らなかった神様が来ても驚かなかったのだろう。

聖徳太子の父第三一代用明天皇（在位五八五〜八八七）自身「仏法を信じ、神道を尊ぶ」と、仏教と神道を区別したうえで両方を尊んでいる。この当時に、日本古来の信仰を神道と呼ぶようになったようだ。国家として東大寺大仏殿を造営し、全国に国分寺・国分尼寺を作り、仏教を中心に据えたが、ここでも東大寺大仏殿の完成を願い天平勝宝元年（七四九）、大仏の守護神として宇佐八幡神が奈良・大安寺の僧行教により勧請されたとされる。現在の手向山《たむけやま》八幡宮である。

それから慶応四年（一八六八）の神仏判然令（神仏分離令）、それに続く廃仏毀釈運動まで、ともかく一三〇〇年もの長い間、神仏習合が続いていたのである。高僧や上人（聖人）とされる人たちが勧請した神社も多かった。修験道など神道と仏教が強く結びついた宗派では、この判然令で、さらに明治五年の修験道禁止令で大きな混乱が巻き起った。

実際、多くの神社が寺院の守り神として位置づけられ、神社に神宮寺をもつところも多かった。これら神宮寺、あるいは宮寺とは神社に付属した寺院で、別当寺、神宮院、神願寺、神護寺、神供寺《じんくじ》などとも呼ばれた。宇佐八幡宮、伊勢神宮、出雲大社、気多《けた》大社、諏訪大社などにもあったが、神仏分離令によって廃絶した（上田正昭『古社巡拝』二〇一三年）。石清水八幡宮は貞観二年（八六〇）に宇佐八幡宮から勧請され、八幡宮護国寺という神仏習合であったが、神仏分離令により塔堂伽藍を破棄し、神道神社になった。現在でも、勅祭石清水祭には仏教の殺生を禁じる戒律に基づき魚や鳥などを放す放生会《ほうじょうえ》などの仏教行事が残されている。この仏教儀式の放生会自体が宇佐神宮で養老四年（七二〇）に行ったのがはじめてとされる。明治初年まで、京都・下鴨神社にも神宮寺や多宝塔など、上賀茂神社にも多宝塔、鐘楼、観音堂、北野天満宮にも経王堂、多宝塔などの仏教施設があったのである。

岐阜県東白川村や奈良県十津川村では明治初年の神仏判然令の際、すべてを廃寺にしたので、村内に寺院がなく、どの家にも仏壇がなく除夜の鐘もお経も聞いたことがないという。奈良県・丹生村（現・奈良市）では全村で神道に改宗し村から寺院がことごとく消えたのだが、三日地蔵とされる厨子に入った二体の地蔵尊は、各戸をほぼ三日交代で回る伝統行事が現在も残されている。やはり、すべてを捨てられなかったのであろう。この混乱の期間、多くの仏像や経典が捨てられた。貴重な文化遺産がたくさん失われたのである。海外へ流出したものも多い。一方で、奈良や京都の寺院には古い仏像が残され、現在では国宝や重要文化財に指定されている。

村々にあったお社の多くはもともと産土神《うぶすながみ》としての性格の強いものであった。神仏判然令・合祀令によって祭神名をつけたものも多いらしい。しかし、人の心までは完全には変えられない。現在でも、寺院に神道のなごり、神社に仏教の伝統・儀式を残すところは多い。たとえば、京都・八坂神社の祇園祭である。

祇園とは平家物語の冒頭の「祇園精舎の鐘の声、諸行無常の響きあり。沙羅双樹の花の色、盛者必衰の理をあらはす。驕れる人も久しからず、唯春の夜の夢のごとし、猛き者も遂には滅びぬ、偏に風の前の塵に同じ」で知られる釈迦の説法の地で、インド中部のコーサラ国の都シュラーヴァスティ、現ウッタラプラデッシュ州にあった仏教の聖地のことである。正式名称は漢訳で「祇樹給孤独園精舎」、略して祇園とされている。この祇園精舎を守る守護神が牛頭天王《ごづてんのう》で、この牛頭天王が日本神話の素戔嗚尊と習合し神格となったのである。明治時代までここは祇園感神院と呼ばれる延暦寺天台宗の末寺であった。この祇園社からお神輿が出ていたのである。祇園祭自身、明治までは祇園御霊会といった。この御霊会自体は貞観一一年（八六九）、非業の死を遂げた早良《さわら》親王の霊を鎮めるため神泉苑で行われたのが始まりとされ、そのとき日本の国の数、一般に六十余州と呼ばれる六六本の鉾を建てたという。それが現在の鉾・山の始まりとされる。

早良親王は桓武天皇の弟で出家して親王禅師と呼ばれていたのを還俗し立太子されていたが、藤原種継《ふじわらのたねつぐ》暗殺事件に関与したとされ淡路島へ流される途中、河内で憤死したとされる。その死後、疫病、飢饉などが相次ぎ、これが祟りとされ、これを抑えるため崇道天皇が追称された。京都・高野に崇道天皇を祀った崇道神社がある。

比叡山延暦寺から山法師（僧兵）が御所に押しかけての天皇への直訴、いわゆる強訴を何度もするが、それには仏像を運んできたのでなく、延暦寺の守り神日吉大社の神の載る神輿を担いできたのである。白河法皇は「賀茂川の水、双六の賽、山法師、これぞ朕が心にままならぬもの」と嘆いたとされる。法皇も簡単には要求は呑めないし、山法師も要求を呑んでもらえない。その間、神輿は寺院である祇園感神院におかれたのである。神仏習合の歴史の中での出来事である。

七福神の不思議

七福神（商売繁盛の恵比寿、開運招福の大黒天、延壽福楽の福禄寿、七福即生の毘沙門天、福徳自在の弁財天、不老長寿の寿老人〔神〕、諸願吉祥の布袋尊）も考えてみると、神様なのか仏様なのか、不思議な組み合わせだ。七福神というのだから神様なのだろう。右手に釣竿、左脇に大きな鯛を抱えもつ恵比寿（神＝蛭子《ひるこ》命）は伊弉諾命《いざなぎのみこと》・伊邪那美命《いざなみのみこと》の最初の子供とされる神だが、からだが不自由だったとされ、船に乗せ捨てられたとされる。それが、兵庫県・西宮に流れ着き、ゑびす（恵比寿）様になって、西宮神社に祀られている。

背中に大きな袋をかつぎ打出の小槌をもつ大黒様は私たちには神話の中の神様のお一人大国主命だが、中世以降、インド生まれの守護神大黒天と習合し、大黒様と呼ばれるようになった。福・禄・寿を授ける福禄寿と長寿・延命を司る寿老人はともに道教の神（神仙）で南極星の化身と長寿神とされる方だし、弁財天（弁天）（女神）は宗像《むなかた》三女神のお一人、市杵島姫命《いちきしまひめのみこと》がヒンズー教のブラフマン（梵天）の妻で川の神サラスヴァティー（サンスクリット語で水をもつ者の意、川を神格化させたもの）に、さらには水神の宇賀神に習合したそうだ。この方は宇賀弁財天とも呼ばれる。

堪忍袋を背負っている布袋・布袋様はもともと中国の仏教の僧侶だという。福禄寿と寿老人は同体であるともされ、寿老人を除き、代わって吉祥天を加えることもあるようだ。これなら初夢を見るため枕の下に敷く縁起物の宝船に二女神が乗ることになる。私自身はこんな宝船の絵は見たことがない。弁才天には「弁才天」と「弁財天」という二つの書き方があり、才は言語能力、財は財力だが、当用漢字では弁才天となっていることが多い。

仏教では悟りを得た釈迦如来、阿弥陀如来などの「如来」、悟りを得るために修行中とされる文殊菩薩、観音菩薩などの「菩薩」、大日如来の化身であり修行する者を煩悩から守る不動明王、コブラを食べる孔雀から煩悩を払ってくれる孔雀明王などの「明王」、そして仏法を守る四天王の持国天、広目天、帝釈天、多聞（毘沙門）天や吉祥天などの「天部」とランクがあるようだ。菩薩は修行して五二の戒律をクリアーし、悟りを開くと如来になるとされる。ところが、七福神はいずれも天部だ、もっとも低いランクの仏様だということになるのだろう。それも二〇〇以上の方がおられる。お願いならもっとランクの上の如来や菩薩にすればご利益がありそうなのに、どうしてヒラの仏様にするのだろう。東京・葛飾柴又の寅さんで知られる柴又・題経寺も帝釈天で人気を集めているが、本尊は曼荼羅「大夢茶羅」だとされる。

この七福神めぐりは各地にある。京都の都七福神めぐりはゑびす神（恵比寿天）（恵比寿神社）、大黒天（松ヶ崎大黒天）、毘沙門天（東寺）、弁才天（六波羅蜜寺）、福禄寿（赤山禅院）、寿老人（革堂）、布袋尊（宇治萬福寺）である。神様といいながらゑびす神を除

布袋尊（宇治・萬福寺）

き、あとはすべて寺院におられる。同じく京都の御寺泉涌寺《みてらせんにゅうじ》には塔頭《たっちゅう》の即成院の福禄寿から始まる泉涌寺七福神めぐりがある。この泉涌寺七福神めぐりではゑびす神も寺院の今熊野観音寺におられる。七福神全員が寺院にいるということだ。

大阪では七福神はゑびす天（今宮戎《えびす》神社）、大黒天（大国主神社）、毘沙門天（大乗坊）、布袋尊（四天王寺）、弁財天（法案寺）、福禄寿（長久寺）、寿老人（三光神社）で神社にも寺院にも祀られている。大和・七福神とは大黒天が長谷寺《はせでら》、毘沙門天が信貴山朝護孫子寺《しぎさんちょうごそんしじ》、布袋尊が当麻寺《たいまでら》中之坊、弁財天が安倍文殊院、恵比寿天がおふさ観音（観音寺）、福禄寿が談山神社、寿老神が久米寺におられ、これに大和の国一の宮所三輪明神（大神神社）を加えて「大和七福八宝めぐり」とする。談山神社ももとは多武峰《とうのみね》妙楽寺という寺院であった。

天橋立の智恩寺文殊堂は知恵の文殊菩薩が本尊だが、文殊堂の十日ゑびすがある。これは神事なのだろうか仏事なのだろうか、それでもやはり恵比寿祭り独特の縁起物の福笹があるので、これは神事ということだろう。参拝者はどうもお宮とかお寺とか、神様か仏様にはこだわっていないということだろう。京都伏見には五福めぐりとして、藤森神社、御香宮神社、乃木神社、大黒寺、長建寺をめぐる。ここでも社寺がいっしょだ。

七福神を神様か仏様か、どちらなのだろうといったが、神仏習合

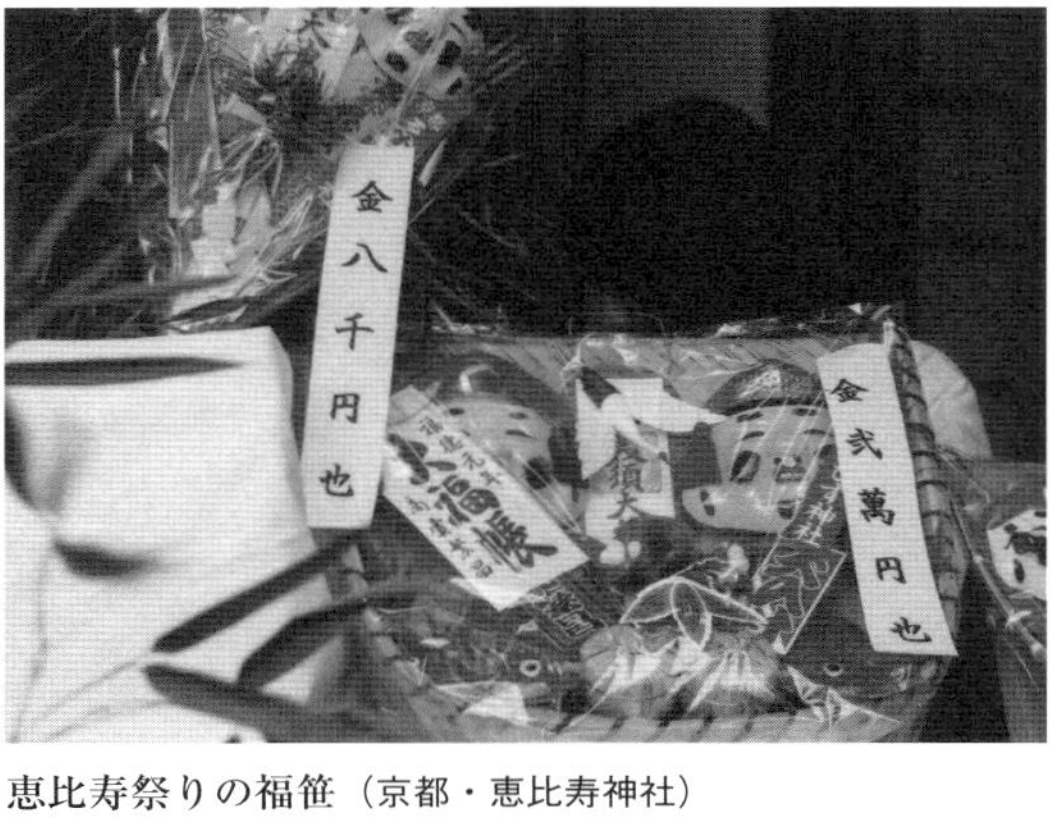

恵比寿祭りの福笹（京都・恵比寿神社）

の中では神でもあり、仏でもあったのだ。明治初年の神仏判然令のように、どちらかはっきりしろというのはやはり無理があるのだろう。困ったときは「神様・仏様」と、いつもいっしょだ。

狛犬が寺にあり、寺に鳥居がある

熱心な仏教徒や神道信者でなくても、日本人なら、そこが神社か寺院かの判断はすぐにできるであろう。神社ならまず鳥居があり、そのそばには狛犬が座っている。「下馬」の標柱もある。そこから先には玉砂利が敷かれ、瑞垣や回廊で囲まれた本殿・拝殿には鈴が吊るされている。本殿や拝殿自体も寺院の本堂の建て方とはちがう。大きな神社では神門・楼門があり、ここに警護の武士随神が座っている。

一方、大きな寺院なら、山門（三門）の中に仁王様が立ち、「不許入葷酒山門」といった石柱がある。本堂には鈴の代わりに鰐口《わにぐち》が吊るされている。三重塔や五重塔、鐘楼もある。墓石もあろう。漂ってくる常香炉からの線香のにおいも寺院のものだろう。寺院の本堂内部は極楽浄土を表すとされ、金箔を使うなどずっと派手なものだ。ところが、明治初年に寺院を神社にしたところでは、建物がまちがいなく寺院のところもある。石上神宮《いそのかみじんぐう》の国宝・出雲建雄《いずもたけお》神社の拝殿も廃仏毀釈のため廃絶されたこの神社の神宮寺であった内山永久寺から移築されたものだ。また、本殿に鈴と鰐口の両方が掛けられているところさえある。この場合は、両方を鳴らすのだという。

神社名は訓読みし、寺院名は音読みにする、これで神社か寺院かの区別ができるという。熱田《あつた》神宮、下鴨《しもがも》神社、浅草・浅草《せんそう》寺、成田山新勝《しんしょう》寺といったことだ。しかし、京都・清水《きよみず》寺といった例外もある。

詳しく述べないでも、神社と寺院のちがいはわかっていただけよう。しかし、すでに述べたように、神仏分離令で強引に分けられるまで、神は仏でもあり、仏は神でもあったのだ。そのため神社にあるものが寺院にある、寺院にあるはずのものが神社にあるといった不思議なことが見られる。身を清める手水舎が神社にも寺院にもあるのもその代表例だろう。塩もどちらにも使われる。神社に盛り塩がおかれ、寺院では精進落としとして清め塩がかけられる。どちらも塩が穢れを落とし、清めてくれる。

神仏習合の名残りはほかにもたくさんある。寺院に神社の要素が見られる例では、たとえば、関西なら、京都・清水寺の山門には寺院なのに狛犬があり、奈良・東大寺南大門の仁王像の裏側にも、大仏殿に向かって一対の大きな狛犬がある。京都・東寺（教王護国寺）境内には八幡社（守護神）と八島社（地主神）があるし、大津・石山寺にも若宮があった。京都仁和寺の境内には鳥居はないが九所明神とされる三殿の神社があり、八幡三神、賀茂・日吉など九神が祀られている。高野山金剛峰寺の山王院奥には丹生明神・高野明神などが祀られた四神社があり、おもしろいことに、ここには絵馬を掛けるところとお札を掛けるところが並んでいる。高野山奥の院には武田信玄、上杉謙信、織田信長、豊臣秀吉、石田三成など歴史上の人物二〇万基のお墓が立ち並ぶ幽玄の世界だが、そのいくつかには苔むした石の鳥居がある。

高野山金剛峰寺の御社（四神社）（絵馬を掛けるところとお札を掛けるところが並ぶ）

大阪・四天王寺の西門には永仁二年（一二九四）、別当忍性により建立された日本三大鳥居の一つとされる石の鳥居がある、京都・石清水八幡宮で放生会が行われるといったことなどだ。気をつけていれば、このような例はすぐに見つけられる。

宇治・萬福寺ではお札でなく絵馬を掛ける。京都・醍醐寺女人堂前には鳥居があり、額束（神額・扁額）には「発心門」とある。神社の鳥居がここでは寺院の山門の役割を果たしている。京都・鞍馬寺の弥勒堂などには鳥居があり、鰐口でなく鈴がかかっている。京都と若狭小浜を結ぶ大原街道（さば街道）の途中にある明王院には奉納されたたくさんの絵馬がある。京都・六道珍皇寺には小野篁《おののたかむら》が冥界と行き来した井戸があるが、この井戸にも注連縄が張ってある。投入れ堂で知られる鳥取県三朝町《みささ》の三徳山三佛寺にも大きな鳥居と狛犬があり、扁額には「三徳山」とある。京都西山の西国二十番札所の善峯寺の山門や高野山金剛峰寺の山門には注連縄がかかっている。

大阪・四天王寺西門の鳥居

神社に寺院の要素が見られる例では、奈良県桜井市・談山神社には切手にもなった有名な十三重塔があるし、山形県鶴岡市・出羽三山神社には国宝の五重塔がある。日光東照宮は徳川家康を祀る神社であるが、ここにも五重塔がある。

熊野本宮大社には「熊野大権現」と書かれた大きな幟《のぼり》が立てられている。権現とは本地垂迹《ほんじすいじゃく》思想による神号で、仏・菩薩が神の姿で現れたものとされ、明神も仏の化身でとくに人を救済するために現れた神である。中でも崇敬される神を大明神といった。もとは社格の高い明神大社のことであった。鹿島大明神、香取大明神などである。釈迦自体も大沙明神とも称された。桜井の大神《おおみわ》神社も三輪明神、神田祭りで知ら

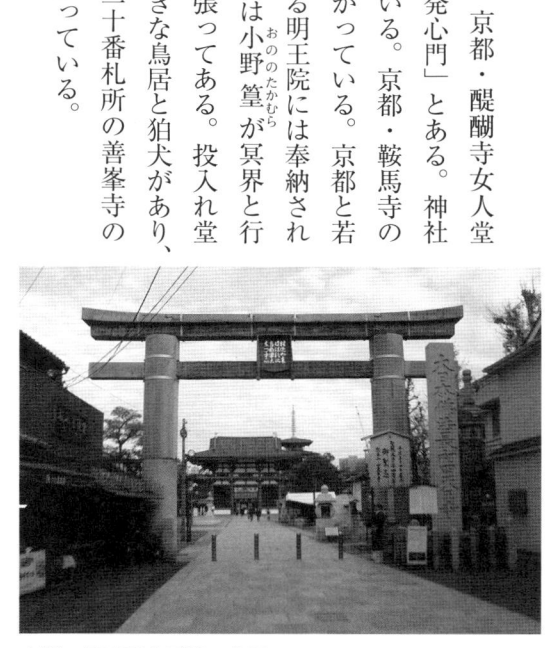

れる。東京・神田神社も「神田明神」の名の方が知られている。火伏の神・愛宕権現《あたごごんげん》は愛宕明神とも呼ばれ、権現号と明神号が区別されず使われていることもある。豊臣秀吉は豊国大明神に、徳川家康は東照大権現となったのである。

お稲荷さんに神道系と仏教系があることをご存じだろうか。京都の伏見稲荷大社、宮城県岩沼市の竹駒神社、東大阪市の瓢箪山《ひょうたんやま》稲荷などは神道だが、愛知の豊川稲荷（曹洞宗）、岡山の最上稲荷（日蓮宗）などは仏教寺院である。伏見稲荷大社の祭神・宇迦之御魂《うかのみたま》大神が仏教の守護神荼吉尼天《だきにてん》と習合していたのである。

大神神社は現在でも三輪明神とも呼ばれるが、その拝殿の前ではよく般若心経を唱えている。奈良・東吉野村の小さな山ノ神の山終い式でも、祝詞・柏手でなく般若心経であった。神社で般若心経を唱えることも珍しいことではないらしい。明治まで春日大社は春日社興福寺の守り神であった。興福寺では現在でも毎朝、僧侶が春日大社に向かって柏手を打っているというし、春日大社ではお正月の神事には興福寺の僧が読経する。神仏判然令で春日大社にあった仏像・仏具を引き取り、一方で興福寺境内にあった神社を春日大社に移したという。両社寺は密接な関係にあった。そのことを忘れていないということだろう。

私が驚いたのは京都洛北の赤山禅院である。ここは比叡山延暦寺の格式ある塔頭の一つ、京都の東北・皇城の表鬼門とされ、唐の泰山府君（赤山大明神）を勧請したところ、比叡山の千日回峰行者が苦行をされる聖地でもある。京都七福神のお一人福禄寿神でも知られたところだ。ここにはまず石造りの大きな鳥居があり、赤山大明神の扁額が掛かっている。次に山門があり、拝殿へ上がる石段の横には狛犬が座っている。本殿に上がるには正念誦、退出するには還念珠という茅の輪のような大きな数珠の輪をくぐる。本殿には鈴がかかり狛犬も座っている。まちがいなく神社である。ところが、境内にある地蔵堂は鰐口、福禄寿殿には鈴、参拝者は柏手を打つ人よりも般若心経を唱える人の方が多い。表鬼門の伝統を受け継ぎ、古くからの神仏習合を守っているという。先に神社か寺院はすぐにわかるといったが、どちらとも判断しかねるところもある。

日本人が神道に仏教を受け入れて融合させたことは歴史的事実である。タイ、カンボジア、スリランカなどの仏教国にくらべ、日本の仏教は大きくちがうようだ。キリスト教でも、あっという間に浸透し、伴天連《ばてれん》禁止令が出ても隠れキリシタンとして明治までその信仰が保持された。現在でも、日本人はクリスマス、バレンタインデー、ハロウィーンを心待ちにし、もうこれらは年中行事の中に定着している。日本は「仏教国」ではない「日本教国」だというのを、どこかで読んだ覚えがある。他宗教の受け入れに寛容な民族だといえるのだろう。

二　上知令（上地令）

社寺有地の強制割譲

社叢を考える場合、知っておかないといけないのが、明治初期の突然の神仏判然令（神仏分離令）、上知令（上地令）と神社合祀令のことである。まず、慶応四年（一八六七）の神仏判然令と廃仏毀釈運動の広がりがあった。比叡山延暦寺の守護神であった日吉山王権現社（日吉大社）では山内にあった仏像、神像、経典、その他仏教色のある調度・装飾をすべて持ち出し、積み上げて燃やした。姫路の書写山円教寺でも仏像を廃棄したという。後醍醐天皇が流された歴史をもつ島根県・隠岐の島でも多くの仏像が破壊され、この島には古い仏像がないと聞いた。大阪の大鳥大社、住吉大社では五重塔が、京都・下鴨神社では神宮寺が破却された。奈良・興福寺の五重塔も売り出され買い手がついたものの解体費が高く、解体されずに残ったとされる。鎌倉大仏も金属としてアメリカへ売られることになっていた。

太宰府天満宮は明治まで安楽寺という寺院であったが、神仏判然令で神道神社となった。神道に変わる証しとして貴重な仏教経典などを本殿前で焼却したという。太宰府天満宮本殿自体が菅原道真の墓所の上に建てられている。明治維新前、一八六三年の政変で失脚し長州へ逃れた尊王攘夷派の三条実美《さねとみ》ら七卿を長州戦争の間、ここへかくまった歴史があった。このこともスムーズに神道神社に変わることができた理由らしい。それにくらべ、奈良・京都に古い仏像がたくさん残されているのは命令に従わなかったということだが、現在ではこの行為が称賛されている。そんな京都でも清水寺の千本石仏（石仏群）は廃仏毀釈で捨てられた石仏を集めたものだとされている。京都も無風であったわけではないようだ。

そして、明治三年（一八七〇）一月三日に「百度維新、宜しく治教を明らかにし、惟神の大道を宣揚すべし、因って宣教使を命じ、以って天下に布教せよ」という大教宣布の詔勅がだされた。天皇に神格を与え、神道を国教と定め祭政一致を目指す詔書ということだ。同年三月には「神道を第一とする旨」が太政官布告で、続いて神仏混淆の廃止が宣言された。これを発端に神仏分離、そして神社にいた僧侶（社僧）の還俗や神葬が強制されたのである。

上知令自体は江戸時代にもあった。徳川幕府の上知令は黒船以降の外国船の来航・上陸に備え、江戸や大坂にあった大名や旗本の領地を返納させ、代わりに替え地を与えるというものであった。ところが、明治新政府による明治四年（一八七一）正月の社寺領上知令、太政官布告「社寺領現在ノ境内ヲ除クノ外上知被仰出土地ハ府県ニ管轄セシムルノ件」と同八年（一八七五）の二回にわたっての上知令は社寺を対象とするものであったので、社寺上知令と呼ばれている。社寺の所有地が没収されたのである。

社寺有地の多くは大名などが戦勝祈願などで寄進したものであったが、明治の廃藩置県によってその法的根拠が失われたこと、また地租改正によって社寺領を含め免税特権をなくそうという動きも背景にあった。

上知は寺院所有地での割譲がよりきびしかったようである。奈良・春日大社と興福寺は春日社興福寺として一体で、その面積は一〇〇万坪（三三〇ヘクタール）であったが、現在は三〇万坪（約一〇〇ヘクタール）になっている。大阪・東大阪市の枚岡神社でももとは枚岡山全域が境内であったが、その後約一一万坪（約三六ヘクタール）に、それが昭和初期には約二・六万坪（八・六ヘクタール）に減少しているとされる。伏見稲荷大社も三〇万坪（約一〇〇ヘクタール）（あるいは四二万坪）であったものが、明治一七年には二万二〇〇〇坪（約七ヘクタール）に減少したとされる。いくつかの社寺のホームページを見てみたが、「明治の上知令で大きく所有面積が減った」、「一〇分の一になった」といった記述があるのだが、どのくらい取られたのかの具体的な数字は示されていない。これは上知令発布当時、正確な森林面積測定ができなかったことによろう。現在でも森林では台帳面積と実測値は大きくちがう。この上知令による神社からの上知面積の合計は全国で八万七二〇〇ヘクタール、そのうち境内地は一万六五三九ヘクタールだったとされる。

この土地の召し上げは、とくに京都の寺院にきびしかったともされる。各宗派の総本山・大本山など大きな寺院が集まっていたこともその理由であろう。清水寺も東山一帯に広大な寺有地をもっていたが、第一次の上知令で一五万坪（約五〇ヘクタール）にされ、第二次でその一〇分の一の一・四万坪（約四・六ヘクタール）になった。桂川上流右岸のきれいな紅葉が見られる嵐山、渡月橋、さらには亀山公園ももとは五山の一つ、亀山上皇の仮御所でもあった天龍寺の所有であったが、上知令で一〇分の一に削られた。相国寺ももとは一三二万坪（約四三六ヘクタール）であったが、現在は四万坪（約一三・二ヘクタール）だとされる。市内中心部にある臨済宗の総本山建仁寺は現在の四条通までが所有地であったが、上知令で北半分を削られ、そこにお茶屋などの花街が形成されたとされる。

京都・南禅寺の近くには明治の元老山縣有朋の無鄰菴《むりんあん》をはじめ、住友、細川など政財界著名人の大きな別邸が並んでいる。その多くには庭師の植治《うえじ》こと第七代小川治兵衛につくらせた名園がある。その庭には琵琶湖から引いた疏水の水が引き込まれている。京都でも有数の高級住宅街だが、明治時代の上知令発布当時、ここにこれだけの森林・土地があったということだが、誰の土地だったのだろう。実はその多くは京都五山と鎌倉五山の上に立つ、五山の一（五山之上）と別格におかれていた南禅寺（太平興国南禅寺）の所有であった。黒衣の宰相ともいわれた以心崇伝（金地院崇伝）のいた南禅寺の所有であっただけに境内は広大だったようだ。塔頭の一つ金地院にはその境内に東照宮がある。上知令によって、ここの境内地が没収され、多くの塔頭が消えたという。そこが別荘地になったということのようだ。明治の政商・政府高官にうまくとられたとの見方もできよう。

三　神社の合祀・合併

一村一社を基本に

明治三九年（一九〇六）、内務省神社局が各府県に神社の合祀を指示した。神社を合祀・統合し、同時にその土地を召し上げたのである。「郷村社無格社ニシテ其所在町村ノ氏子若クハ信徒ニ於テ神職ヲモ置ク能ハス到底維持、見込ナキモノハ廃止若クハ他神社へ合併ノ儀出願セシムヘシ」と訓令している。一村（一行政村）一神社を基本としたようであるが、神社とはいくら小さな祠であっても地域住民にとっては大事なところであったはずだ。それが強引に合祀合併させれられたのである。合祀をさらに進めるため、明治三九年には「神社寺院仏堂合併跡地ノ譲渡ニ関する件（勅令二二〇号）」で被合併社の境内地は合併先神社に無償譲渡するといった処置を講じ、合併を進めている。

巨木のまえの祠
小さなものであっても地域住民にとっては大事なものだ（京都八瀬・江文神社御旅所）

そのもっとも顕著な地域が合祀モデル県とされた伊勢神宮のある三重県で、消滅神社五五四七社、残った神社八五四社、和歌山県で消滅二九二三社、残った神社四二二社だとされている。この数字については、櫻井治男（二〇一八）によれば、三重県で六八〇〇社余りが七四〇社、和歌山県で三八〇〇社から五五〇社への減少としている。現在、もっとも神社数の多いのは新潟県で四七八〇社、次いで兵庫県三八六二社、京都府一七六四社とされるのを見ても、三重県・和歌山県でその減少の大きかったこと、合祀の進め方がきつかったことを示すものであろう。沖縄県ではわずか一三社である。これには先に述べた琉球のカミを神と認めなかったという理由があろう。ともかく、この当時一九万二六五五社あったものが、一四万七二七〇社に減少したとされる。

合併により、稲八金天神社《いなはちこんてんじんじゃ》という名の神社ができたという。文字通り、稲荷、八幡、金刀比羅、天神社を合祀した神社ということだ。小さな祠でも崇拝されたはずだが、一部屋に押し込まれてはそれぞれの神も神頼みを聞く気にならなかった。ご利益はなかったであろう。こんな名の神社はすぐに改称したようで、現在は残っていないようだ。境内に八社とか一二社とされる小さなお社や合祀碑が立っているところがある。合祀された証拠である。

この事態を憂い、神社の合祀に反対したのが、民俗学・人類学にも粘菌研究など生物学にも幅広い業績を残し「知の巨人」とされる南紀田辺にいた南方熊楠である。南方は明治四二年に地方紙『牟婁新報《むろしんぽう》』、雑誌『日本および日本人』に神社合併反対意見を書く。その反対理由として、

①合祀により敬神思想を高めたりとは地方官公史の報告書に誑かさるのはなはだしきものなり、
②合祀は人民の融和を妨げ、自治機関の運用を阻害す、
③合祀は地方を衰微せしむ、
④合祀は庶民の慰安を奪い、人情を薄くし、風俗を乱す、
⑤合祀は愛郷心を損ず、
⑥合祀は土地の治安と利益に大害あり、
⑦合祀は勝景史蹟と古伝を湮滅す、

を挙げた。

現在にして思えば指摘はきわめて正しいものだといえよう。大正七年（一九一八）になってやっと衆議院で「神社合併無益の決議」がなされ、強引な合併が止まる。南方熊楠の合祀令反対の行動については、

山折哲雄『鎮守の森は泣いている』（二〇〇一年）、上田正昭『森と神と日本人』（二〇一三年）でも詳しく述べられている。

延喜式神名帳（延喜五年、九二七）によれば当時、全国に神社は二八六一社、三一三二座とされ、これを式内社とか延喜式内社と呼んでいる。明治三五年（一九〇二）の帝国統計年鑑では神社数は一九万六三九八社とされている。終戦後、一九四五年には官・国弊社二一八社、府県社一一四八社、郷社三六三三社、村社四万四九三四社、無格社五万九九九七社、計一〇万九九三〇社あったとされる。とはいえ、無格社とはひどい格付けである。

神社数が大きく減った事実を述べたのだが、神社の合祀・合併が進められる一方で、この時期、新しい神社が創建されている。皇室祖先神や天皇を祀る明治神宮や橿原神宮など勅許を得てつくられた神宮や別格官幣社として皇室を助けた忠臣を祀る神社、すなわち名和神社（名和長年）（鳥取県大山町）、湊川神社（楠正成）（神戸市）、藤島神社（新田義貞）（福井市）、談山神社（藤原鎌足）（奈良県桜井市）、護王神社（和気清麻呂）（京都）、梨木神社（三条実万《さねつむ》・実美）（京都）、建勲神社（織田信長）（京都）など二八社である。また、軍人を祀った乃木神社（乃木希典）（東京）、東郷神社（東郷平八郎）（東京）、広瀬神社（広瀬武夫）（大分県竹田市）や、靖国神社、護国神社がつくられた。

神社での祭礼に対し神様への捧げ物（幣帛）の費用が皇室からだされた神社を官幣社、国からだされた神社を国弊社という。官幣社・国弊社にも大社、中社、小社があったので、あるいは基準がちがうのかも知れないが、官・国弊社の面積は五〇〇〇坪（一・六ヘクタール）、府県社は五〇〇坪（約〇・五ヘクタール）が基準だったとされる。この官・国弊社は全国に二一八社あったとされる。この土地が与えられたということだ。しかし、戦後、この制度は廃止された。鳥居などに彫られていた官幣社・国幣社の文字にセメントが詰められ消されているところと、昔の格式を誇示するため、そのままにしているところがある。

現在、日本に神社がどのくらいあるか、実はこの数字を確かめるのもたいへんだ。文化庁編『宗教年鑑（平成28年版）』（二〇一六年）によれば宗教法人数は神道系八万二六五七、仏教系七万四三八一、キリスト教系二五四七とされる。ただし、これは文化庁に届けられている宗教法人の数である。神社数といってもすべてが神社本庁に所属しているわけではなく、出雲大社教、金光教、黒住教、大本教、天理教など教派神道系、その他新派神道系と分類されるいろんな宗派・教派がある。しかし、すでに述べたように、たくさんある小さな祠やお堂はとてもこの数には含まれていないはずだ。

伊勢神宮は天照大神を祀る内宮（皇大神宮）と豊受大御神を祀る外宮（豊受大神宮）からなるとされるが、このほかの一四の別宮、四三の摂社、二四の末社、四二の所管社を含めた一二五社を含めての神宮である。大きな神社には摂社、末社をたくさんもつ、それらは境内地でなく、遠く離れたところにもある。これらがあっても数字上は一なのである。

江戸に多いものとして、「伊勢屋、稲荷に、犬の糞」というのがある。伊勢からの商人がたくさん江戸にいて、伊勢屋を名乗ったこと、犬も多くは放し飼いでたくさんの糞があったこと、そしてお稲荷さんが多いという野卑である。お稲荷さんにとって不敬な言い方のように思えるが、それだけお稲荷さんが多かったという事実であろう。そんな話があるように、もっとも多いのは伏見稲荷大社など稲荷系神社で、現在、全国に三万二〇〇〇社あるとされる。現在でも大きな神社の境内に小さな稲荷社があることも多いし、街中に、あるいは大きなビルの屋上に赤い鳥居のお稲荷さんの祠を見る。しかし、すでに述べたように、たくさんある小さな祠やお堂はとてもこの数には含まれていないはずだ。

次いで、八幡様、宇佐八幡宮・石清水八幡宮・鶴岡八幡宮など八幡宮系で二万五〇〇〇社、伊勢神宮系

一万八〇〇〇社、太宰府天満宮・北野天満宮など天満宮系一万四四一社、宗像神社・厳島神社系八五〇〇社、諏訪大社系五〇七三社、日吉大社系三七九九社、那智大社系三〇七八社、津島神社系三〇〇〇社、八坂神社系二六五一社、白山比咩神社系二七一七社、住吉大社系二三〇〇社、熱田神宮系二〇〇〇社、松尾大社系一一四四社、このほか鹿島神宮、秋葉神社、金毘羅《こんぴら》宮、香取神宮、氷川神社、貴船神社、多賀大社系などがある。

高知県は人口当たりもっとも神社数の多い県（神社数二一八四）であり、逆に寺院数のもっとも少ない県（寺院数三七六）でもあるとされる。四国八十八ヶ所巡礼の地なのに、寺院数が少ないというのも妙であるが、これも明治初年の神仏分離令・合祀令によく従ったということのようだ。竹内荘市『鎮守の森は今』（二〇一〇年）は高知県内二六二二社をめぐった記録で、祭神、由緒がよく調べられている。これを見ても、「明治元年三月の達しにより改称」との記述が多い。〇〇大明神、〇〇大権現であった名称が神社名に改称されていることがわかる。それよりも地域の産土神として祀られていたころには祭神名もなかったはずだが、新しく神社名がつけられ、祭神が定められている。改称でなく、命名といった方が確かなのだろう。

現在、神社の多くは氏子の減少、少子高齢化・過疎化の中で、神社の維持管理もきびしくなり、神職数も少なくなり、小さな神社ではもう多くが兼職になっている。神社数も減っている。

これに対し、寺院数も述べないといけないが、これも小さなお堂などはとても含まれていないだろう。京都府下の神社は八一二社、寺院は一六八一寺とされるので、寺院の方が多いが、これは長く都であり人口が多かったこと、多くの宗派の総本山を抱えている京都の特殊事情かも知れない。大きな寺院、たとえば臨済宗大徳寺派の大本山大徳寺には大仙院、高桐院、芳春院など有名な塔頭が二〇もある。これら塔頭も寺院数の中には入っていないのだろう。

巨樹・巨木は社寺にある

一　日本では巨樹・巨木はクスノキ

巨木は社寺にある

神社の森・寺院の森、すなわち社叢には巨樹・巨木が多い。巨樹・巨木があることで、そこに神社や寺院のあることがわかると言ってもいい。社叢にあったから巨木になるまで残されたということもあるだろうし、逆に、巨木だったので、そこに社・祠がつくられたところもあろう。先に世界の巨木、日本の巨木について述べておこう。

世界でもっとも背の高い木はオーストラリア、タスマニア原産のナガバユーカリ（*Eucalyptus amygdalina*）の高さ一五三メートルとか、北アメリカのギガント・セコイア（*Sequoia gigantean*）の一五〇メートルとされている。太さでは南アフリカ共和国、リンポポ州のバオバブノキ（*Adansonia grandidieri*）の周囲長四五・三メートル、あるいはメキシコ南部オアハカ州サンタマナ・デトゥレの教会にあるトゥレ・サイプレス（メキシコラクウショウ）（*Taxodium mucronatum*）の周囲長五七・九メートル（直径一四・九メートル、樹高は一一・一メートル）が知られている。ギネスブックスではこのトゥレ・サイプレスを世界最大としている。

一本の木の材積で最大のものはギガント・セコイアで、中でも「シャーマン将軍」といわれる巨木は、直径一一・一メートル、高さ八三・八メートルで、材積は一四八六立方メートルだとされている。日本での面積当たり最大の樹木の材積（蓄積量）を誇る森林は高知の魚梁瀬《やなせ》千本山の天然スギ林で一ヘクタール当たり一八〇〇立方メートル、重量で一ヘクタール当たり七二〇トンとされている。ギガント・セコイア一本で一ヘクタールのスギ林に匹敵する材積をもっていることになる。

バオバブノキ（マラウィ・ブランタイアー）

日本では環境庁が全国の巨樹・巨木林を調査し、環境庁編『日本の巨樹・巨木林（全国版）』（一九九一）を発行している。それによると、もっとも大きい木は鹿児島県蒲生町（現・始良市《あいら》）八幡神社のクスノキ「蒲生《かも》の大楠」で周囲二四・二メートル、巨樹・巨木の一〇位までは鹿児島県大口市のエドヒガンを除き、あとのすべてがクスノキである。二〇位まで（同じ大きさ、同順位があるので二二本）では、スギが二本、エドヒガン、イチョウ、ケヤキ、カツラの各一本を除き、これもあとはすべてクスノキである。このことでもクスノキが大木になる樹木であることがよくわかる。それだけに西日本では多くの神社でクスノキの大木が神木とされている。

日本の巨樹・巨木はほぼまちがいなく神社にある。第一位は先に述べた鹿児島・蒲生八幡神社のクスノキ、第二位は熱海・来宮神社のクスノキ、第三位は福岡・築城《ついき》の大楠神社のクスノキ、第四位は佐賀・武雄の武雄神社（武雄稲荷大明神）クスノキ、第五位は鹿児島・伊佐市のエドヒガン、第六位は福岡宇美市の宇美八幡宮のクスノキ、第七位は佐賀・武雄天神神社のクスノキ、第八位が大分市の柞原八幡宮《ゆすはらはちまんぐう》のクスノキ、第九位福岡朝倉市恵蘇宿《えそのしゅく》のクスノキ、第一〇位高知・須賀神社のクスノキ、同順第一〇位の鹿児島・志布志山宮神社のクスノキなど、二つを除いてそのすべてが神社にある。その多くが天然記念物に指定されている。神社にあったから守られた、大木になったから神木になったということであろう。

屋久島の縄文杉は大きさで第一六位、周囲一六・一メートルとされている。屋久島にはこの縄文杉の手前にウイルソン株と呼ばれる巨大な屋久杉の切り株がまだ残っている。私自身も何度もこの切り株の中に入ったことがあるが、これは確かに縄文杉より大きい。中には小川が流れていて、小さな祠がおかれている。上はハート形にあいている。伐られたのは一五八〇年代とされるが、これが生きていたら、もっと上位にランクされたであろう。

蒲生八幡神社の大楠　（鹿児島県姶良市）

社叢には巨樹・巨木、いわゆる大木がたくさんある。そのことで、そこに社寺のあることがわかると述べた。そこでは巨樹・巨木、あるいは大木でいいのだが、全国からそれらを選びランクづけをするとなると、何か基準がないと混乱する。環境庁では巨樹とは胸高で幹回りが三メートル以上、幹が分かれている場合はそれぞれの幹回りの合計が三メートル、主幹の幹回りが二メートル以上としている。

二〇〇〇年四月、林野庁が先の環境庁の調査とは別に全国の国有林から「森の巨人たち百選」として一〇〇本の巨樹・巨木を選んだ。これによれば、太さでは屋久島の縄文杉の周囲長一六メートルが一位、高さでは愛知県鳳来寺山（新城市）の「傘杉（国指定天然記念物）」、（推定樹齢八〇〇年）の樹高五八メートル、秋田県能代市二ツ井町の仁鮒《にぶな》水沢植物群落保護林にある「きみまち杉（秋田県天然記念物）」の高さ五八メートルが、それぞれが、一、二位とされている。これらは国有林内にある樹木ということだ。

ウイルソン株（屋久島）

私の身近なところでは、京都花脊・大悲山の三本杉の高さが東幹が六二・四メートル、北西幹が五九・〇メートル、西幹が五八・〇メートルとされていることを知った（『京都市文化財ブックス第1集　京都の木　歴史のなかの巨樹・名木』昭和六一年一〇月）。これは林野庁の森の巨人たち百選にも選ばれているが、そこでは樹高は三五メートルとされている。その後、二〇一七年一一月、林野庁が樹高六二・三メートルと認定し、これが高さ日本一になったようだ。

巨樹・巨木には、いわゆる風格がでてくる。パワーがもらえるとして、これらに手で触れる人も多い。しかし、触れることで根元を踏み固め、樹木を弱らせることにもなる。このため周囲にロープを張って近づけないようにしていることも多い。屋久島の縄文杉は遠くから見るだけだし、高知・大豊町の「杉の大杉」も近くまで寄れるが触ることはできない。

すでに述べたが、環境庁は全国の巨樹・巨木を調べ、『日本の巨樹・巨木林（全国版）』（一九九一年）を発行しているが、その中で、これら巨樹・巨木についての故事・伝承も報告させている。全報告数は一五〇一件もあったようで、巨樹・巨木がその存在を認められ、その故事・伝承で保護されてきたことがわかる。もっとも多いのがやはり神として崇め、傷つけたり伐ったりすると祟りがあるとするもので、ご神体・神木とされ、根元に祠や仏像がおかれる。

杉の大杉（高知・大豊町）

さらには、このような巨樹・巨木には神様のお使いであるヘビ、天狗、あるいは鬼が住むといったことだ。次いで、守護神、子育て・子授かり、授乳、夜泣き、結婚、縁結び、病気・怪我からの回復、農業などでの豊穣祈願、ご利益の願いである。このほか、歴史上の人物・事件との関わり、お手植え、記念、シンボルといったこと、さらには、境界、目印といった役目も果たしている。

注連縄を巻かれた神木を伐ると祟りがある、罰が当たるとされた。そのため、街角にあり、交通の邪魔になっても注連縄が張ってある限り、誰も伐れなかったのである。実際、神木を伐ったために起きたさまざまな不幸が都市伝説として伝わる。といいながら、最近では注連縄を張られた樹木がいとも簡単に伐られている。ノコギリで伐れば祟るが、チェンソーであっという間に伐ればどうも祟らないようだ。

二　大きさ――どうやって測るのか

巨樹は幹回りが三メートル以上

巨樹・巨木とは幹回りが三メートル以上のものだといったが、これら巨樹・巨木のランキングは、どうやって決められているのだろう。森林では樹木の大きさ・太さは主として胸の高さでの周囲長、あるいは直径（胸高直径）での比較になる。樹木が斜面にある場合は樹木の山側に立って胸の高さの周囲長・直径を測る。林業では胸の高さであるが、文化庁などでは「目通り直径」と表現している。胸の高さで測るのと眼の高さで測るのでは、胸の高さで測る方が楽だ。目通り周囲長という場合でも多くは胸高で測っているはずだ。実際、文化庁の目通り直径も、一・二メートルの高さで測るとされている。

胸高での周囲長・直径といっても背の高い人も低い人もいる。それでは人によって大きさがちがうことにもなる。胸高直径は一・三メートルの位置で測ることになっている。以前は一・二メートルであったが、日本人の体格がよくなったからということだ。

スギやヒノキの場合、それも平らなところにある場合、普通には樹木は同心円状に年輪が広がりほぼ円形をしているので、林尺（林業関係で使う大きな物差し、L字型で右側に可動する棒がつき、これを移動させて測る道具）などで直接、直径を測ることができる。しかし、大きな木の場合、これら林尺ではとても測れない。メジャー（巻き尺）で周囲長を測り、これから直径を計算することになる。林業用に、メートルの目盛と裏側に直径換算の目盛がついている巻尺（直径巻尺）があるが、一般には市販されていない。そのため、普通のメジャーを使い、それも周囲長（円周）を計ることになる。その値で比較することが多いはずだ

ところが、スギやヒノキでも巨木になると根元が凸凹《でこぼこ》している。トチノキ、カツラ、クスノキなど広葉樹になればもっと凸凹している。これら樹木で胸の高さ一・三メートルでメジャーをこの凸凹に沿わせて測ると、凸凹の大きいもの、深いものほど大きな値になる。しかも、測る方はどうしても大きくしたい心理が働く。さらに、同一人物が測るのでなく、まったく別の人が測るのだから、基準はあいまいになる。測る高さがわずかにちがっているだけでも周囲長は大きく異なる。このため、凸凹を気にしないで、樹木の外周だけにメジャーをあてる方が比較の場合は適当だと思うが、実際には凸凹に沿ってメジャーを這わせていることが多いようだ。

実際に測定をやってもらえばわかるが、案外難しいものである。ともかく、そんな問題があるうえで測

山側に立ち、1.3 m のところを林尺で測る

定された周囲長である。わずか数センチのちがいでのランキング争いにはあまり意味がないことを知っていただこう。

周囲長、胸高直径は少々ちがいがでるとしても直接測ることができるが、高さ（樹高）は直接測ることはできない。低いものなら釣竿のように伸び、それに目盛りのある測竿という道具で測ることができるが、せいぜい一〇メートルまでだ。高木には地際と樹木の頂上がはっきりと確認できる位置で、樹木までの距離をメジャーで測り、地際と頂上の角度から樹高を簡単に測れるワイゼ測高器という器具がある。しかし、これを使用するには平地でないといけない。樹木までの距離と角度を測ってくれるブルーメライスといった計測器もあるが、樹木に寄りすぎるとわずかの角度のちがいで樹高がより大きくなってしまう。現在では都市での建造物の高さをレーザーで測る器具も汎用されているので、それを使ってより簡単に、また正確に樹高測定ができるようになっている。

つい最近（二〇一七年一一月）、京都市左京区花脊の「花脊の三本杉」が高さ六二・三メートルで日本一だと林野庁が認定したと報道されたが、このスギも斜面に立っている。これは谷側（下側）からは全体がよく見えるが、山側はよく見えない。樹高は山側に立っての測定がルールである。レーザー照射できる装置を搭載したドローンを使ったという。登らなくてもきわめて正確に測れる方法が開発されている。

日本のスギ・ヒノキ林、あるいはシイ・カシ林、ブナ・ミズナラ林では普通、樹高は二五〜三〇メートルである。沖縄、奄美大島のイタジイ林ではもっと低くなる。常風・台風のためである。また、標高が高くなると樹高は低くなる。いずれも、風の影響である。同じ高さでスクラムを組んで台風や強風に耐えるのである。他より突き抜けて上へでていると風に飛ばされてしまう。とはいえ、社寺にあるスギ・ヒノキはときに四〇～五〇メートルもの高さになる。それらはやはり山影・谷間など風の当たらない場所にあるはずだ。

三　知りたくなる年齢（樹齢）

年齢推定もむつかしい

大きさと同時に知りたくなるのが、年齢・樹齢である。四季のはっきりした日本では樹木には年輪ができている。切株でこの数をていねいに数えれば正確な樹齢がわかる。つまり伐って調べれば問題は解決するのだが、神木を伐ることはできない。唯一できる方法は生長錐を使ってボーリングする方法である。樹木の中心を通るように錐を回して水平にボーリングし、棒状のサンプルを取り出すということだ。うまく中心に達すれば半径でいいが、細い錐を必ずしもきれいな円柱とは限らない大木の中心に通すのは簡単なことではない。

ともかく、とりだした棒状のコアーサンプルの年輪を数えればいいのである。これでおおよその年齢はわかろう。しかし、大木の中心部は実際には腐ってカステラのようになっている。それがさらに進むと空洞（樹洞）（うろ）になる。ツキノワグマが冬ごもりするのは大木にできたこのうろ（樹洞）に出入り口ができたものだ。中心が腐っていて空洞では生長錐を使っても中心部のサンプルは得られない。得られるのは一番外側の老齢になったときの年輪の詰んだところだけである。この詰んだ年輪の割合を本当は年輪幅の広い若い時代にあてはめてしまい、より老齢にしてしまうのはよくあることだ。

大きさと同様、年齢（樹齢）も大きく言うほど喜ばれる。とてもそんな老齢ではないと思うような木が樹齢五〇〇年とか、一〇〇〇年と書かれていることがある。老齢にするほどありがたがられ、参拝者の態度がちがってくるからだ。実際に伐っても中心部は腐り、本当の年齢はわからないのだから、私も異議を唱えないでいる。

屋久島の縄文杉は一九六六年の発見当時、樹齢六〇〇〇年とされ、縄文時代までさかのぼるとし、縄文杉と名づけられたのだが、現在、屋久島ではどのパンフレットの説明でも樹齢は七二〇〇年とされている。わずかの間に一二〇〇年も歳をとっている。この縄文杉の中は腐って中空になり、外にも穴があいている。私自身、縄文杉発見直後にここを訪れ、この木に穴があいているのを見ている。多分、ここから中の木くずをとったのだろうが、それを材料にしての炭素同位体調査では樹齢は二一七〇年＋αだともされている。七二〇〇年という根拠は屋久島は火山島ではないが、七二〇〇年前の始良《あいら》火山爆発の影響を受け、その後に森林が成立したのだということだ。年齢推定も簡単ではない。正確な年齢がわからないのだから、どうしても老齢にしたくなるようだ。

縄文杉（屋久島）

神の存在を知る
かむとけのき（かむときのき）（霹靂）

一　雷は神鳴り

雷は神の存在を示す

神は眼に見えないものであるが、その存在を知る、あるいは知らしめるものが雷と風である。風神と雷神は一対で描かれることが多い。確かに風も姿は見えないが存在を感じるものである。しかし、存在を知らしめすものは、やはり雷であろう。そもそも「神」という漢字自体が祭壇を表す「示す偏」と、稲妻の伸びるさまを表す「申」からできている。一天俄かに掻き曇り、稲妻が走り、轟く雷鳴、落ちる雷は、地震・雷・火事・親父といわれるほど、怖いものであった。

私自身、本当に雷が怖いと思ったことがある。マレーシアの熱帯林の中での調査中と森林限界を越えた登山中のことであった。そのときの雷はすごかった。熱帯林はふだん、無風なのだが、雷鳴と同時に、強い風と雨の中、大木が大きく揺れ、落ち葉が飛び散り、太枝が落下してきた。野鳥の声もセミの鳴き声も消えた。そのときの情景を今でも思い出す。こんなとき人は神の姿を見たのだろう。

巨樹・巨木は神の降臨の際の依り代であったが、その巨樹・巨木があったゆえに社寺・社叢には落雷が多かった。「雷は神鳴り」と解釈された。神の怒りを表すものと考えたのである。実際、御所、社寺、天守閣などの落雷による焼失は多かったし、社寺の大木にもよく落ちた。最近の太宰府天満宮の大きなクスノキへの落雷ではクスノキが火を噴いたのだが、消火したと思ったのに、その後しばらくは樹皮からちょろちょろと発火したそうである。「燻《くす》ぶる」はクスノキに落雷するといつまでも消えない「樟ぶる」から来たのだと聞かされた。大木が縦に大きく裂けたり、折れたり、あるいは火を噴いたあとを見ても、雷は怖かったはずだ。

日本書記にも「霹靂（カムトケノキ・カムトキノキ）の木は伐るな」という話がある。カムトケノキ（カムトキノキ）という名の樹木があるわけではない、雷の落ちた木のことである。落雷のことを「カムトケ」とか「カムトキ」といったようだ。

もちろん、雷は樹木だけでなく、社寺をはじめ大きな建物にも落ちた。落雷による寺院の焼失の記録はたくさん残されており、西大寺西塔（宝亀三年、七二二）、東寺五重塔（仁和二年、八八六）、高野山金剛峰寺大塔、講堂、僧坊（正暦五年、九九四）、興福寺中金堂（建治三年、一二七七）、東大寺東塔（康安二年、一三六二）、興福寺五重塔（寛文二年、一六六二）、京都・方広寺大仏殿（寛政一〇年、一七九八）、新しいところでは比叡山延暦寺横川中堂（一九四二）、京都醍醐寺・上醍醐の准胝《じゅんてい》堂は二〇〇八年の焼失である。比叡山延暦寺や山麓の大原にある三千院などでは、建物にはもちろん、建物周辺の高いスギにも避雷針がつけられている。

神社でも雷様には勝てなかったようで、厳島神社の六代目大鳥居が安永五年（一七七六）、仙台市の榴《つつじ》岡《おか》天満宮（寛政七年、一七九五）、千葉市・諏訪神社（明治一六年、一八八三）、大阪堺市大鳥神社（明治三八年、一八九五）、東京・明治神宮鳥居（一九六六）の焼失など、ちょっと調べてただけでも落雷による焼失例はたくさん見つかる。

天守閣でも、弘前城（寛永四年、一六二七）、高松城（寛文二年、一六六二）、大阪城（寛文五年、一六六五）、京都・二条城（寛延三年、一七五〇）などが燃えている。避雷針の効果はあるようで、現在では都市部の高い建物の屋上には必ず避雷針がつけられている。その密度では雷さんもどこへ落ちたらいいのだと迷うほどだ。

道真の祟り伝説

雷さまといえば菅原道真の祟り伝説だ。道真は昌泰四年（九〇一）に史上はじめて摂政・関白・太政大臣を務めた藤原時平の讒言《ざんげん》により大宰権帥《ごんのそち》に左遷され、その二年後、延喜三年（九〇三）にそこで死去した。延喜五年（九〇五）その墓の上に墓所・社殿がつくられたのだが、明治の神仏分離までここは安楽寺といった。道真の祟りは死後、すぐに現れたと思われているが、政敵の時平が三九歳で死去したのが六年後の延喜九年（九〇九）で、これで時平の血脈は絶えた。その後、延長八年（九三〇）六月二六日、平安京清涼殿での太政官会議中に落雷があり、権中納言・因幡守藤原清貴はじめ七人が死に、これを目撃した醍醐天皇もその後、体調を悪くし間もなく亡くなったとされる。清貴は藤原時平の弟忠平の子孫である。この落雷が菅原道真の祟りだとされた。現在、この日が雷記念日とされている。

この祟りを恐れ、正暦四年（九九三）、道真には太政大臣が追贈され、天満大自在天神とされた。京都・

北野天満宮ができたのは天歴元年（九四七）、道真の乳母であったとされる多治比文子《たじひのあやこ》らが社殿を建てたのが始まりとされ、永延元年（九八七）に一条天皇の勅使が派遣され北野天満天神の神号が贈られている。道真の死後八〇年もたってからのことである。その間、次々と禍い、祟りが続いていたのだろうか。この長い時間をどう解釈すればいいのだろう。

広辞苑では霹靂《へきれき》を「急激な雷雨」、「晴天の霹靂」としている。この霹靂をカムトケとし、カミトキに同じともしている。臭い植物にドクダミ（毒溜・十薬）というのがある。日本ではその利用はせいぜいドクダミ茶くらいだが、中国南部からベトナム・タイ・ラオスにかけてはこのドクダミの葉を生で食べ、その根も肉などといっしょに炒めて香りを楽しむ。市場でも売っている。このドクダミは史前帰化植物で古く渡来したものだともされている。そういえば、確かに人里近くにあり、深山では見ていない。

大宰府天満宮

このドクダミの方言にイヌノへ、カッパノへ、カミナリノへというのがある。雷さんもおならをし、その匂いがドクダミの匂いらしい。雷が鳴るとドクダミの匂いがするのだろうか。これらはちょっと想像しにくいが、もう一つ、ヨメノへという名もあった。この方はなるほどそんなものかと納得した。先に登山のとき、雷にあった話をした。稲妻と同時の雷鳴、どこで鳴っているのか見当がつかなかった。低い姿勢で岩陰に隠れたのだが、リュックの中にはいくつもの金属が入っていたし、ベルトにもついていた。金属をはずせといわれても、その余裕がなかった。私は感じなかったのだが、同行の友人は雷の匂いがするといった。ドクダミにカミナリノへという名のあることを知り、このときのことを思い出した。

なお、天神社・天神宮がすべて菅原道真を祭神としているわけでない。たとえば、里芋（小芋）を高さ五〇センチにも積み上げた高盛御供を神饌として捧げる祭礼で知られる京都・北白川天神宮は延喜以前の創建で祭神は少彦名命《すくなひこなのみこと》とされる。京都・五條天神社も少彦名命を祭神とする。神々は高天原に住んだとされる天つ神と地上の葦原中つ国に住む国つ神とに分けられるというが、その天つ神を「天神」とも呼んだのである。

二　雷と「くわばらくわばら」

雷鳴が鳴り稲妻が光ると、子供のころは蚊帳の中に入り、「くわばら、くわばら」といって、雷の通り過ぎるのを待った。蚊帳の中に入っておれば大丈夫だと聞いていたからだ。雷はやはり夏に多かった。なんで「くわばら」というのか父に聞いたことがあるが、桑畑のクワは毎年低いところで伐って新しい枝を伸ばすので背が低い、雷は高い木に落ち背の低いクワには落ちない、それも一面のクワなので安全なのだと聞いていた。京都へ来て、菅原道真を祀る北野天満宮がもと桑原というところにあった、桑畑は一面の背の低いクワなので、雷もそこへは落ちなかったという理由があるのを知った。しかし、調べてみると、北野天満宮のあるところは昔から北野だったようで、桑原は別の場所にあるようだ。

道真は讃岐守としても赴任していたが、丹波（京都府・兵庫県北部）など各地に荘園をもっていた。道真は絹の衣類を好んだため、荘園でもクワの栽培と養蚕を奨励していたという。その荘園、すなわち桑畑には落雷が少なかったとされる。そのことで、「くわばら、くわばら」と呪文を唱えれば、落ちないといわれるようになったとする説もある。

また、別の話もある。弘治二年（一五五六）のこと、兵庫県三田市桑原にある欣勝寺の井戸に雷の子が落ちた。それを住職の済用禅師が助け、もう二度と桑原には落ちませんと約束させ、雲の上に帰らせた。雷の子はこのことを両親に話した。両親はほかの雷にも桑原には落ちないようにときつくいったという。まんが日本昔話で有名になった雷の子の話「くわばらの起り」である。ここ欣勝寺では雷除けのお札が授与されている。

さらに、別の話を紹介しよう。大阪府和泉市桑原にある東大寺の再建に尽くされた重源上人ゆかりの西福寺の井戸にも雷が落ちた。ここでは井戸に蓋をされ、逃げられないようにされた。もう決して落ちませんと約束したので、放してやった。それ以来、「くわばら、くわばら」といえば、雷が落ちないのだという。いずれも地名が桑原だ。ここでも雷除けのお札が授与される。ただ、これにはまったく別の解釈もあるらしい。西福寺の井戸に落ちた雷の子は逃げられないように蓋をされ、ひどい扱いを受けたので、桑原と聞くと、そのときのことを思いだし、怖がってここへは行かなくなったというのである。私は子供がそんなひどい扱いを受けたことを知った雷の

雷の子が落ちたとされる井戸（三田市・欣勝寺）

親が怒って仕返しに来てしまうのではと思ってしまう。

裸で虎の皮の褌をしめ太鼓を叩いている雷神の子供の絵があるが、本当にそんな姿だったのだろうか。雷はへそ（臍）をとるといわれ、雷が鳴ると、へそを隠したのだが、とったへそ、どうしたのだろう。欣勝寺も西福寺も雷さんの絵が描かれた絵馬があるが、その姿はまったく同じもの、京都・建仁寺にある俵屋宗達の風神雷神図を基にしたものだった。

それはともかく、現在ではたくさんの避雷針の下、コンクリートの中に住んでいては雷はもう怖いものではなくなっている。しかし、叱られそうになったとき、とばっちりを受けそうになったとき、今でも「くわばら、くわばら」という呪文を聞く。この言葉には効果はあるらしい。しかし、あとで述べるように、この雷・稲妻は雨をもたらし、豊作・恵みをもたらすものでもあった。

欣勝寺の雷の絵馬

第2章　森林とは

―社叢も森林―

神社の森と寺院の森のちがい

一　鎮守府

鎮守の起源

「鎮守の森」の「鎮守」とはもともと中国の「鎮」のこと、つまり『三国志演義』の中でもでてくる重臣のいるところ、軍隊の駐屯地のことである。現在でも中国には地名に「鎮」とつくところがいくつもある。日本でも『続日本記』に宮城県・多賀城にあった陸奥鎮守府の記録がある。奈良〜平安時代、陸奥の国多賀城に蝦夷《えみし》と対峙する陸奥・出羽の兵士の駐屯地があった。鎌倉幕府の成立・源頼朝の征夷大将軍任命でこれが武家の最高位職となるまで陸奥鎮守府将軍が武家の最高位であった。明治時代になって、軍港の呉、舞鶴、佐世保などを呉鎮守府とか舞鶴鎮守府といっていた。

この鎮守の意味が大きく変わるのが、小学唱歌「村まつり」（作詞：不詳、作曲：南能衛、明治四五年、一九一二）である。「村の鎮守の神様の今日はめでたいお祭り日」とある。村の小さな氏神様、神社が鎮守の神様になったのである。この歌は小学校の唱歌となり、一挙に全国に広まった。この歌が突然でてきたのでなく、この歌詞がすんなりと受け入れられる時代的要素があったのであろう。ともかく、この時期を境に鎮守の意味が大きく変わり、島崎藤村の『夜明け前』（一九三五年）に「こんもり茂った鎮守の杜」などといった表現が現れるようになった。

きびしい掟

鎮守の森・神社の森では鳥居の前に「下馬」の高札とともに、「定」として「竹木ヲ伐ルコト」、「魚鳥ヲ捕ルコト」の禁止が掲げられていることが多い。神社境内は「不入の森」、「禁足地」として、樹木の伐採をしないところとされてきた。しかし、法律や罰則とはそのような違反があるから、つくられるものである。わざわざ「定」が掲示されたということは、往時、伐採が行われていた、殺生が行われていたという証拠でもある。

『延喜式』（延喜五年〔九〇五〕、編纂開始、延長五年〔九二七〕に編纂を終えた全五〇巻、約三三〇〇条の施行規則）には「凡そ神社の四至の内は樹木を伐り、および死人を埋葬することを得ず」と、神社境内での樹木の伐採、死人の埋葬、人が住むこと、屠殺を禁止する旨が書かれている。当時、実際に、このようなことが行われていたため、このようなお触れがでたのである。しかし、このお触れが効いたのか、その後、ここを「不入の森・禁足地」とする考えは現在まで広く浸透している。とはいえ、そのお触れ（定）が現在でも掲げられているということは、それだけ注意しないと従わない奴がいるということにもなる。

滋賀県八日市の今堀十禅神社（旭野神社）での文亀二年（一五〇二）の「定」では、境内の樹木の葉を手でむしれば百文、鎌を使えば二百文、鉈を使えば三百文、鉞を使えば五百文の罰金だという文書が残っているそうだ。

京都・北白川天神宮でも「木一本首一つ」という掟があったと聞いた。社叢はそのようなきびしい罰があって守られてきたのである。『類聚国史』巻三四にも天長四年（八二七）、淳和天皇の病気の原因が伏見稲荷大社の樹木を東寺五重塔造営に伐ったことだとわかり、陳謝のしるしに従五位下を授け、怒りを鎮めたとある。境内の木を伐ったことでの祟りである。

私にはきびしい定め・掟とともに、神域の木を伐れば罰が当たる、祟りがあるという伝説の方が効いていたように思える。実際、小さな祠の前にある注連縄《しめなわ》を巻かれた樹木が、それが交通の邪魔になっても伐れば祟るとか罰が当たるといって伐れなかったという話はよくあるし、伐った人が亡くなったといった都市伝説が残っていることもある。

都市の中で伐られずに残ったムクノキ
（京都・大宮姫命稲荷大神の祠）

ともかく、神社にこのような「定」が現在でも掲げられていることを見ても、鎮守の森も歴史の中のもの、ここが原植生のまままったく手つかずで残されているわけではないことがわかる。神社では樹木に一切、手をつけない、落ち葉もそのままだと強調されているが、どこの神社でも本殿、拝殿、あるいは、参道、手水舎《ちょうずしゃ》付近などは毎朝、箒できれいに掃除されているのが普通だ。

神社には社叢が必ずあるように書いてしまったが、すべての神社が社叢をもっているわけではない。神社の規模により樹木がなく、かたちだけの鳥居と本殿など建物だけのところもある。とくに、都市部でビルに囲まれた神社にはこんなところも多い。神奈川県では安定した生態系をもつ社叢、すなわち、高木、亜高木、低木、下草の揃った森林をもった神社は二八四〇社のうち、四五社しかなかったという。これが現実だ（宮脇昭『鎮守の森』二〇〇七年）。

上田篤は神社で大切なのは境内でも社殿でもなく、参道だと強調している。神社にはある種の威厳がある。それは参道空間に負うところが大きく、何か神聖なところへ入ってきたという気持ちをもたらすとしている。森が社殿を守るといったが、参道があることも大事だ。参道がなく、鳥居の立つ道路からすぐ正面に社殿が見えるようではやはり何か足りないものを感じることは確かだ。

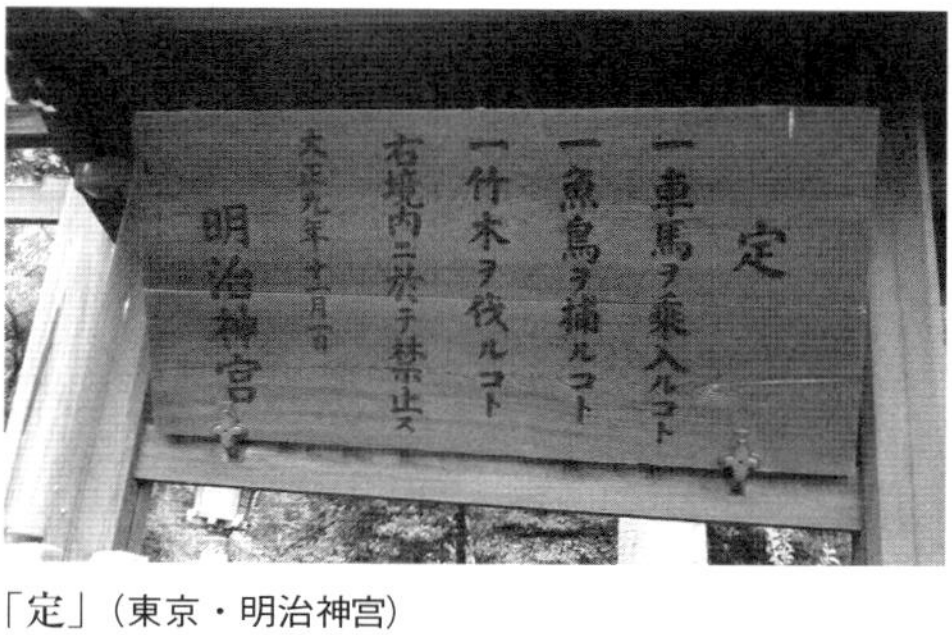

「定」（東京・明治神宮）

二 寺院の森も寺院を守る

寺院にもある森

神社の森（鎮守の森）と寺院の森には大きなちがいがあるとされる。というより、神社には森があるが寺院には森はないとされる。寺院は塀で囲まれ、その中は堂塔伽藍（建物）が中心で、枯山水の庭園があっても、そこにある樹木は植えられたものだ。それらの樹木はかたちを保つため剪定《せんてい》される。テレビ漫画では子供のころの一休さん（一休禅師）はいつも箒を持っているように、その落ち葉は毎日、掃除される。掃除すること、落ち葉を掃くこと自体が修行なのである。実際、京都でも市内にある東本願寺や西本願寺、奈良・東大寺、大阪の四天王寺などの境内には由緒ある樹木はあっても、森らしいところはない。森は神社だけにあり、寺院にはないとする考えはこんなところからきている。

しかし、京都・東山山麓の南禅寺から、永観堂禅林寺、若王子神社、大豊神社、霊鑑寺、法然院、安楽寺、そして慈照寺銀閣まで、琵琶湖からの疏水沿いに哲学の道を歩いてみると、森が連続している。静寂を守るため、いずれも周辺には森林を残している。神社も寺院も同様に静寂をつくる森林に守られているということだ。鹿苑寺《ろくおんじ》金閣や慈照寺銀閣を見ても、境内にたくさんの樹木がある。比叡山延暦寺や高野山金剛峰寺では、それこそ森林の中に寺院がつくられている。何より、仏教伝来以来、明治初めの神仏分離令によって無理やりに分けられるまで、長く神仏習合が続いたのである。その意味からも、神社の森と寺院の森を厳密に分ける必要はないし、そもそもできないはずである。

京都市内、それも市街地にある東本願寺、西本願寺、建仁寺などには森がないといったが、これら寺院の境内は広く、そのことで周囲に森がなくても静寂が保たれたということであろう。たとえば、広大な境内をもつ大徳寺でも参道にはきれいな松並木がある。これを見ても寺院にも樹木のあること、その大切さがわかる。

京都・東本願寺境内には森はない

社叢という言葉は漢語で、『広辞苑』でも「神社の森」としているが、「叢」についての説明はない。神社の森とされているので、寺院の森を含んでいないことにもなる。社叢は社寺のもつ森林のことであるが、「社叢林」としているところもある。兵庫県指定天然記念物の西宮市の越木岩神社の社叢林、神奈川県指定天然記念物の東浦賀町の叶神社の社叢林、小松市指定天然記念物の吉竹幡生《よしたけはたさや》神社社叢林などは天然記念物指定時に「社叢林」が使われている。これなら「社叢森」もあるのかとさえ思ってしまう。

鹿島神宮は「鹿島神宮樹叢」として茨城県指定の天然記念物、香取神宮は「香取神宮の森」として千葉県の天然記念物指定を受けている。社寺のもつ森林なので、「社寺林」という方が一般的かとも思うが、社寺林にはいわゆる境内林だけでなく、「社寺有林」のイメージもある。伊勢神宮、比叡山延暦寺、高野山金剛峰寺など広大な森林を持っているところを想像してしまう。

社叢をどう表現しているかメモしていたところ、社叢林、境内林、神体林、神域林、宮域林、樹叢、社寺林、神社の森などいくつもの言葉があった。南方熊楠は「神林」としている。

いろんな言い方があるのは社叢自体が多様であること、人々の関心があったことを示すものであろう。「社叢林」はちょっとおかしいのではとこだわったが、多様な言い方があることを知れば、とくに目くじらを立てる必要はないようだ。しかし、境内林と社寺有林は区別した方がいい。このことはあとで述べる。

京都・大徳寺参道

森か林か

一 密林と疎林

森林の定義

社叢は面積は小さいが森林である。しかし、神社の森を「鎮守の森」といって、決して「鎮守の林」とはいわない。いったい何がちがうのだろうか。森と林のちがいが気になる。どうして、鎮守の林といわないのか調べてみた。

まず一般認識として、「森」と「林」を『広辞苑』（第7版）で見てみよう。森は「①樹木が茂り立つ所、②特に神社のある地の木立、神の降下してくるところ、③（東北地方で）丘」。林は「生やしの」意とし、①樹木の群がり生えた所、②転じて同類の物事の多く集まっている状態とある。森は樹木が茂り立つ所、林は樹木が群がり生えた所と、区別しているが、私にはそのちがいが明確とは思えない。

森林、森と林の生態学的あるいは林学的な定義とは、ある高さ以上の樹木（高木）が、ある程度の密度以上に込み合って立っているところである。その高さを五メートルとしていることもある。私たち日本人にすれば、これは理解しやすい。森林の中に入ってみれば高木が密に立っていて遠くは見えない。樹冠のまわりに少し隙間があり、ここから光が差し込んでくるだけで林内は暗い。

中部山岳などでの登山ではハイマツの茂みを抜けると、次の瞬間、眼の前に目指す山頂が現われる。ここで「森林限界を抜けた」という。ハイマツやガンコウラン・コケモモなどの背の低い樹木の生えたところは森林とはいわない。ここで森林限界を越えたということから見ても、森林とは背丈よりも高い樹木（高木）からなるところだと理解できる。

背丈よりも高いハイマツは森林だが、頭がハイマツより抜け出て低くなると、森林でなくなるということだ。ここはハイマツ林とはいわないでハイマツ群落とかいっている。メジャーをもって行って、森と林が区別できるものでもない。考えてみるとむつかしいものだ。富士山では森林限界はハイマツでなく、カラマツである。ここでは背の低いカラマツが地表を這っている。樹木限界という言葉もある。ヒマラヤなどで、もっと標高が高くなると樹木はなくなり草本だけになる。ここで樹木がなくなる、ここが樹木限界だということになる。

森林限界（富士山・カラマツが地表を這う）

森林をある程度の樹木密度（本数）をもっているところといったが、このある程度の密度も数字では表せない。しかし、森林の中は暗い。森林の外、あるいは樹冠（林冠）の上と比較して（これを相対照度という）、林外では一〇万ルックスを越える明るさのときでも、ヒノキ林など暗いところでは一〇〇〇ルックスから五〇〇〇ルックス、外とくらべわずか一パーセントほどの明るさである。マツ林など明るい林でも外と比較して四〇～六〇パーセント、スギ林では二〇パーセント程度である。森林に入ると、私たちの眼の瞳孔は開き、調節してくれているのだが、昔のカメラ、それもモノクロ時代は明るさに対応しシャッタースピードや絞りを自分で調節しないといけなかった。いい写真を撮ったと思って現像してみたら、露出不足だったことが何度もある。これも森林の中は暗いという証拠である。

ところが、世界的に見れば森林の景観・構造はきわめて多様だ。たとえば、アフリカのキリンやシマウマがいるサバンナともいわれるところは、樹木はまばらにあるだけで、私たちにはとても森林には見えないが、実はここも森林なのである。ややこしいが、国際基準では樹冠が面積の九〇パーセント以上を覆うところを密林（Closed forest）、それ以下、一〇パーセントまでのところを疎林（Open forest）と区別するのである。私たちにすると、面積の九〇パーセントが空地、樹木の樹冠が一〇パーセントしか占めないところなど、とても森林とはいえない。森林は高木で構成されるといったが、それを「密林」と「疎林」とに区別して申告しても、世界統計では両者を合わせ、「森林」として報告されることになる。ＦＡＯ（世界食糧農業機構）では世界の森林面積やその減少率を公表しているが、この面積は各国から報告されたものを集計したものだ。先に日本の森林のことを述べたが、そこはすべて「密林」だということがわかっていただけよう。

面積もある程度の大きさ以上、〇・五ヘクタール以上の面積である。疎林といっても樹冠面積が九〇パーセントと一〇パーセントではその景観は大きく異なる。森林

アフリカ、ケニアの疎林

を密林と疎林とに分けるといったが、「密森」とはいわない。森は樹木が密なところなのだから、わざわざ密森といわないのはわかるが、そうなると「密林」といういい方がおかしいはずだ。竹林（タケ林）も大きなモウソウチクやマダケなどが密生していても、竹森とはいわず、あくまで竹林である。漢字に「音」と「訓」の呼び方があることも原因なのだろうが、これも混乱を助長している。

二　森と林

出雲国風土記の中の母理郷（もりのさと）と拝志郷（はやしのさと）

文部省唱歌「汽車」（明治四五年、一九一二。作曲は大和田愛羅、作詞は小和田建樹あるいは乙骨三郎ともされるが、多くは作詞者不詳としている）の二番に「遠くに見える村の屋根、近くに見える町の軒、森や林や田や畑、後へ後へと飛んで行く」という歌詞がある。この時代、蒸気機関車はゆっくり走ったはずだ。車窓からの風景もゆっくり見えたであろう。それでも、この作詞者、森と林、田と畑を瞬時に区別している。田と畑の区別は簡単だ。夏なら田んぼには水を張っている、水がなくても水を貯めるための畔《あぜ》がある。ところで、この歌詞の中の「森と林」だが、どう区別・判断したのだろう。

森と林の言葉はすでに『出雲国風土記』（天平五年、七三三年）に、もり（母理郷）とはやし（拝志郷）の記述があり、もりとはやしは区別されていたとされる（上田正昭・上田篤編『鎮守の森は甦る』二〇〇一年）。出雲国意宇郡《おうのこほり》に母理郷と拝志郷の記述があるが、その位置、村落の数などを記述しているだけで、拝志郷でも「此の処の樹林茂盛れり。其の時詔りたまひしく、吾が御心の波夜志（栄やし・はやし）と詔りたまひき。故、林と云う。神亀三年に、字を拝志と改む。即ち正倉あり」とあるだけだ。これが現在の私たちのイメージする森と林に対応するどうかはわからない。

この出雲国風土記では秋鹿郡《あきかのこほり》には「郷四、里一二、神戸一」とあり、その女心高野《めごころたかぬ》では「上頭に樹林あり、此は則ち神の社なり」とある。ここでは森は社だとしている。先にも述べたように、「森」の語源は「盛る」、「林」の語源は「人が生やした」ものとされている。この解釈は一般的で、自然に成立したものが森、人が植えたところが林ということである。人が植えたかどうかが森と林のちがい・判断の一つの基準である。これで何となく森と林のちがいがイメージできる。四手井綱英『もりやはやし』（一九七四年）では中国語では森は深いという意味で、森林とは深い林だとも述べておられる。

森は山名・地名にも使われ、四国山脈には瓶ヶ森《かめがもり》、甚吉森などがあるし、宮沢賢治の童話「狼森《おいのもり》と笊森《ざるもり》、盗森《ぬすともり》」は小岩井農場の北にある山のようだが、東北にも森と名づけられた山がたくさんある。ここでは森とは山のことだ。昔話「桃太郎」に「おじいさんは山へ柴刈りに、おばあさんは川へ洗濯に」とあるが、山へとは森へ、それも柴を刈りに行ったのである。「はやし」、「もり」ということばは日本語であったにしろ、漢字の「林」、「森」は中国から学んだものだ。『字通［普及版］』（白川静著、平凡社、二〇一四年）によれば、林は二木に従うとし、「平土にあるはやし」とされ、一方、森は三木に従うとし、もり、しげるさま、森森のように深く繁る意に用いるとされている。平地の森と山の森と区別するようでもある。

このほかにも、常緑樹林が森で、落葉樹林が林とか、漢字のとおり森は高さのちがう樹木がたくさんある、林は同じ高さで並ぶとか、山にあるのが森、平地にあるのが林、そして森は精霊・樹霊が棲むところ、遠くまで見通せないところ、未知の恐怖があるところ、森の精を生み出すところだとされる。もののけ（物の怪）とされるものだ。魑魅魍魎《ちみもうりょう》とはむつかしい漢字であるが、魑魅は山林の異気から生じる怪物、魍魎は気の精、山川の精、木石の怪とされる。森の中に魑魅魍魎がいるということだ。確かに、「森の精」はいても「林の精」はいないだろう。

森にはこだまがあるが、林にはこだまがないとするものもあった。しかし、人の声は森の中ではすうーっと消えてしまうような気がする。これは樹木に宿る木霊（木魂）（こだま）をやまびこ（山彦）・反響と誤解してのことであろう。やまびこは対岸に反射の岩壁がある方がいいらしい。駄洒落では、モリは蕎麦屋に、ハヤシは洋風レストランにあるというのがあった。私は暗いのが森、明るいのが林で、これでわかりやすいように思えるが、人によって感じ方がちがい、やはり判断しにくいことであろう。

上田篤『鎮守の森の物語』（二〇〇三年）では、森はもりもりと盛り上がったブロッコリー、林は穂先の揃ったカイワレ大根と表現している。カイワレ大根は高さは揃っているが、双葉なので広葉樹のようでもある。いずれにしろ、人が植えたかどうかでの森と林の区別である。

森は自然にできあがったところ、植えていないところ、一方、林は人が植えたところだとし、この定義で森と林の区別は明確だといったが、この定義に従えない事例をここで付け加えておこう。あとで述べる献木で造成された明治神宮・橿原《かしはら》神宮の社叢である。双方とも、全国からの献木と青年団の奉仕によって造成されたものであり、すべてが植えられたものだ。人が植えたかどうかが森と林のちがいだとすれば、ここは植えたのだから、まちがいなく「林」ということになる。とはいえ、「明治神宮の林」、「橿原神宮の林」といったら、大きなブーイングを受けるだろう。世間一般のイメージはやはりここは森、「明治神宮の森」「橿原神宮の森」だ。

森と林、そのちがいはといいながら、やはり明確には両者を区別できないようだ。ただし、「森厳《しんげん》」とか「森閑《しんかん》」（深閑）ということばがある。広辞苑では「きびしくおごそかなこと、秩序正しくおごそかなこと」とある。厳粛でおごそかなことのたとえである。「林厳」、「林閑」ということばがないように、森と林には何となくそのちがいはあるといっておこう。ある神社に「森厳性護持」との立札があった。「森厳な境内」といった使い方をされる。社叢、鎮守の森をよく表しているようだ。森厳はあっても林厳ということばがないことからも、林にはないおごそかなものが森にあることは確かだ。

むつかしい漢字「鬱蒼《うっそう》」も、やはり森につく形容詞だろう。もう一つ、蓊鬱《おううつ》というむつかしい用語が森の表現に使われる。「盛んに茂ること」の意味だ。社叢の表現にそんな言葉が使われていた。

三　森と杜

森と杜はどうちがう

「もり」の漢字には「森」と「杜」がある。『広辞苑』ではもりは「森・杜」とし、「樹木が茂りたつ所」とし、同義語としている。江戸時代の京都の名所案内書の『京羽二重』（貞享二年、〔一六八五〕発刊、水雲堂孤松子著）の巻一に「森」の項があり、そこに聖護院の森など一七の森が、同じく、『名所都鳥』（元禄三年、〔一六九〇〕発刊、秋里籬島著）には森之部があり、同様に二六の森が紹介されている。

ところが、『京羽二重』では「聖護院の森」、「藤森」だが、『名所都鳥』では「聖護院の杜」、「藤杜」としている。下鴨神社・糺《ただす》の森はどちらも「糺森」、「糺の森」である。『名所都鳥』では「森」と「杜」が同時にでてくる。これはどう区分したのだろう。森はやや規模が大きく、杜は規模が小さく、祠・社があって、そのまわりに樹木があるといったイメージでいいのだろうか。

たくさんあったそれら京都の森も、現在ではその多くは地名だけを残して消えている。一方、鷺《さぎ》の森（鷺森神社）、聖護院《しょうごいん》の森（熊野神社・聖護院）、羽束師《はつかし》の杜《もり》（羽束師神社）、椥《なぎ》の森（今熊野神社）など、神社があるところの森は残されている。神社があったから森が残されたといえそうである。

先に森は規模の大きなもの、杜は規模の小さな明るい森のイメージのようだといったが、仙台は「杜の都」といわれるし、東京も「早稲田の杜」だ。ちょっとイメージがちがうようでもある。響きとしては森の都より、杜の都の方がいいような気がする。

仙台が最初に森の都と記述されたのが、一九〇九年（明治四二年）とされ、それが一九一六年（大正五年）に杜の都との表現に、一九七〇年（昭和四五年）に市民憲章に「杜の都」と正式に定まったようだ。このころから「杜」一字で仙台を暗に示すようになり、内田康夫『杜の都殺人事件』（角川文庫）といった推理小説のタイトルにもなる。しかし、杜の都仙台の象徴の木はケヤキである。街路樹としてこの木がたくさんあっても、落葉樹だけに、落葉後は明るい街になる。西日本のクスノキのもつ暗いイメージではない。

福岡県指定天然記念物の春日市住吉神社の社叢は「住吉社のナギの杜」としての指定である。神社関係でも最近は「鎮守の森」としないで、「鎮守の杜」を使うことが多くなっているようだ。

「杜」の漢字の本来の意味は樹木の「ヤマナシ」のことである。また、「塞ぐ」という意味でもあったという。「杜絶《とぜつ》」の「杜」である。しかし、この漢字が伝わったとき、「カミのモリ」としても使ったらしい。上田正昭は杜は塞ぐという意味なので、人々と森（木）を切り離している。「鎮守の杜」は適当ではないのではとしている。上田篤は『鎮守の森』（二〇〇七年）で「普通の木を三本書く森は自然の森であるが、鎮守の杜の「杜」は「神聖なる森」であるとし、薗田稔は『身近な森の歩き方』(二〇〇三年)の中で、「木が三つの森は樹木だけだが、杜は樹木と大地が一体となっている。考えてみれば、この杜の方がより生態系の複雑な安定した森を連想させるようでもある」としている。言葉、その意味は時代とともに変化する。「鎮守の杜」といういい方があってもいいと思う。

「杜」の本来の意味はナシの仲間ヤマナシのことであるとされる。梨についての記述は『日本書記』(持統天皇七年、六九三)にあるのだが、ヤマナシは中国南部・朝鮮半島南部に分布するもので、日本のものは古く渡来したものが逸出したものだとする説と日本のイワテヤマナシ(ミチノクヤマナシ)などは自生種だとする説がある。果実は三・五センチくらいの小さなもの、果皮は硬く香りはいいものの味はまずく、食用には適さない。宮沢賢治の童話に「やまなし」というカニの親子が沈んできたヤマナシの香り・発酵を待つ話がある。逸出か自生かはともかく、ヤマナシが東北にもあったことは確からしい(宮沢賢治著、北川幸比古編『宮沢賢治童話集』世界文化社、二〇〇四年)。

「杜」のことをもう少し調べてみると、中国ではこの「杜」は唐代の詩人で李白と並ぶ詩聖される杜甫や杜子春など姓にも使われている。杜仲(トチュウ)(*Eucommia ulmides*)はトチュウ科の一科一属一種の落葉高木で中国原産、ダイエットの効果があるとして、その葉が杜仲茶として呑まれている。酒の銘柄に杜とついたものがいくつかあるが、酒造りの人たちを杜氏というので、酒とも関連があるようだ。「ずさん」(杜撰)という言葉は「いい加減な計画」といったように日常でもよく使うのに、読めない書けないという難読語の一つだが、その「杜撰」にも杜が入っている。杜は漢音でト、呉音でズとされ、古い呉音が使われているのだという。

森と杜、そのちがいはといいながら、これも結論はそのちがいは明確ではないということだ。とはいえ、杜のイメージは、どちらかといえば明るい森のようだ。

四　森と水

社寺は清水の得られるところにつくられた

「水なくして生命なく、水なくして文化なし」といわれる。私たちのからだは子供で七〇パーセント、大人では六〇〜六五パーセントが水でできている。生命の維持には水が必須だし、生存のため、すなわち主食のイネの栽培・コメの生産にも水が必須である。イネの伝来以来、日本は稲作を中心とする農業国となった。イネが豊かに実り栄える国、すなわち豊葦原の瑞穂の国といったのだが、瑞穂とは稲穂のこと、その稲作には水が必須であった。

日本の河川の水は本当にきれいだ。滝に打たれ水垢離《みずごり》をするのも、清潔な水が豊富で、それでからだが洗えること、傷口を洗うことが治療にもつながったからであろう。温泉やお風呂に入るのも病気治療に有効だったのである。

それだけに、この水が信仰の対象にもなっていた。三井・氷川・寒川・真名井・多伎（滝）など、川・泉・水・井といった水にちなんだ名をもつ社寺がたくさんある。その源流、分水嶺、泉・湧水に小さな祠がおかれ、水の神様天之水分神や国水分神を祀っていた。奈良・吉野の水分《みくま(こも)り》神社が有名だが、大和国四所水分社として、大和の国の東西南北に、すなわち吉野のほか、葛城、宇太（宇陀）、都祁《つげ》水分社があった。天川村にも天水分《あめのみくまり》神社がある。水分とは水配りのことであった。大阪・金剛山麓の千早赤坂村には建水分《たけみくまり》神社がある。これらの水分神は子守りの神様でもある。水分神を御子守《みこもり》神とも呼んだのである。奈良・丹生川上神社は同様に雨・水の神様を祀っている。京都でも賀茂川最上流の貴船神社や雲ヶ畑岩屋志明院などが水源を守ってくれている。

もっと下流、農山村の農業用水や生活用水の水路や分岐点にも祠や石碑が立つ。これらは一般には水神さん（水神様）と呼ばれる。水上様は山の神とも同神で、春、里へ降りてきて田の神となり、収穫を守りそれを見届けた後で、秋に山へ戻って行かれる。秋の大祭・収穫祭は春、山からの雪解け水が田を潤し、田植えができること、収穫ができたことを感謝してのものである。宮中での新嘗祭《にいなめさい》をはじめ各神社での秋の祭りは、どこもこの五穀豊穣・収穫を感謝してのお祭りである。その恵みは水、すなわち神によってもたらされたものである。

宇陀水分神社（奈良県宇陀市）

神社・寺院へ行けば参拝の前に手水舎で手や口を清め、穢れを落す。その手水は清流や湧水、あるいは井戸から引いたりしている。神社や寺院もはじめは清流・湧水のあるところへつくられたようだ。弘法大師空海が錫杖を突くと泉が湧いたといった話もそのことを示すのだろう。石清水八幡宮も名のとおり清水があったことを起源とするようだ。伊勢神宮では五十鈴川で清めるし、京都の上賀茂神社・下鴨神社の葵祭では斎王代は境内の清流で身を清める。手水は諏訪大社下社秋宮は御神湯、上社本宮では明神湯とされる温泉水であった。多くの神社境内には清流や人心池・鏡池がある。神池自体をご神体とするところもある。同様に、寺院でも修行の滝があったり、ハスの花の咲く放生池がある。墓参りでは墓に水をかけて清め、花瓶にも水を入れた。水が生命の源であることはよく理解していた。

カミ（神）は山や磐座、あるいは樹木に降臨されたといったが、初期の神社・寺院の創建はきれいな水の得られるところ、山裾の泉の涌くところ、きれいな小川のあるところであった。山裾に古い神社や寺院が多いことはここできれいな水が得られたからである。神社や寺院の建設場所を決める必須の条件が水であったことを示すのだろう。後の都市部につくられた大規模な寺院では、井戸を掘り、きれいな水を確保した。

京都・醍醐寺奥醍醐の准胝《じゅんてい》堂は二〇〇八年に落雷により焼失したのだが、その下には有名な醍醐水がある。寺院ではあるが、この醍醐水にもサカキが飾られていたし、滋賀県高島市新旭《しんあさひ》町の針江生水《しょうず》のかばた（川端）は各家庭に比良山系からの伏流水・湧水があり、壺池で野菜や食器を洗い、その水を端池に流し、そこでコイやニジマスを飼い、水を汚さず、小川へ流している。その湧水の出口にもサカキが置いてあった。

滋賀県高島市針江生水（しょうず）の川端（かばた）に飾られたサカキ

桜井市・大神神社の御神水（霊泉・薬井戸）は古来よりこんこんと湧き出るとされるが、現在はボタンを押すとでるようになっていた。その大きな甕にもサカキが飾られていた。京都・松尾大社の神泉・亀の井にもサカキがおいてあった。サカキがおいてあることは、どこでも水の大切さを理解し感謝してのことである。

しかし、現在、都市部にある神社では開発による地下水位の低下、また地下水脈の遮断などによる小川の水の枯渇、泉の湧水の停止などで、手水は多くのところで水道水に代わっている。これでは流しっぱなしにはできない。とはいえ、落ち葉の沈んだたまり水での手洗いや口濯ぎには参拝者も抵抗がある。京都のいくつかの神社ではセンサーが取り付けられていて、参詣者が近づくと手水舎の水がでるようになっていた。水を無駄にしないことも大事だが、こんな工夫にちょっと複雑なものを感じた。

まちがいなく、稲作が行われだして以降、イネ・コメはもっとも大事な食糧であった。その感謝の印として、その収穫物、すなわち、米、それを加工した餅、そして醸造した酒を神饌《しんせん》として神に捧げるのである。「お土産」とはもともと宮下《みやげ》、すなわち神に捧げた神饌を分け持ち帰ったものであるとされる。お土産に、餅、あられ、お煎餅など、コメの加工品が多い理由である。「お下がり」も元の意味は、神饌を下げたあと、これをみんなでいただくこと、直会である。注連縄を稲わらで作るのも、稲作と関係しよう。地域によっては田の神様を山に送るのでなく、自分の家へ迎え、次の年の春、また田へ戻っていただくところがある。ここでは田の神様がもっと身近なところにおられることになる。

かたちのある社・祠でなくても、お正月や田植えのまえに、田んぼの隅や畔に、あるいは水の取り入れ口に神社や寺院のお札、マツの枝、タケなどを挿して豊作を祈っている。これも神様だろう。

雨乞い

しかし、この水ももとは雨であり、その雨が時に長く降らないことがある。異常気象といわれる事態だ。田植え時期やイネの生育時期に雨が降らないことは収穫のないことを意味し、この旱魃《かんばつ》は低温と並んで不作、飢饉の二大要因となった。旱魃は広い範囲のこともあったし、狭い地域だけのこともあった。それは生命・生存に関わることであったのだから、政治・社会をも混乱させた。社寺では雨乞いの祈祷がたびたび行われた。

よく知られたものが、京都が大旱魃に見舞われた天長二年（八二四）、京都・神泉苑で淳和天皇の勅命により弘法大師空海がこの池端で祈って雨を降らせたことだろう。雨乞いには神官・僧侶による加持祈祷、巫女による踊りなどさまざまな方法があったようだ。地域によっては地蔵、道祖神、あるいは仏像を川に放り込むなどの荒っぽい儀式が行われたという記録もある。神様・仏様が怒って雨を降らせるというのである。ところによっては、牛馬を屠殺し、捧げたという。岐阜県・乗鞍岳周辺では雨乞いのため乗鞍岳に登り、山頂付近の大丹生池で鉦・太鼓を鳴らしたという。

雨乞いといえば、竜（龍）神（王）伝説だ。竜神は竜の姿で川の深い渕、山中の池などに雲を操り住み、雨・水を司るとされる。竜はもともと中国の想像上の動物だが、日本では水神と結びつき竜を神格化されたとされる。竜神は女神だったのだろうか、竜神の住む池には鏡や化粧道具を投げ入れたともされる。雨乞いの儀式には地域ごとで、また時代ごとで多様な願いの方法があったようだ。

福井県南越前町と岐阜県揖斐川《いびがわ》町との境界の標高一〇九九メートルにある夜叉ヶ池や滋賀県比良蓬莱山の小女郎ヶ池《こじょろうがいけ》などは、雨乞いのため竜神に若い娘を差し出したという伝説の地である。竜神も神

夜叉ヶ池（岐阜・福井県境）

のお一人である。人々に幸せを与えるのがお仕事なのに、娘を差し出せとは悪代官のようで許せないとの思いであるが、日照りがそれほどきびしいものであったのだろう。なお、夜叉ヶ池には日本ではここだけにしかいない小さなゲンゴロウ、ヤシャゲンゴロウがいる。

　水田耕作に水は必須だったが、時には旱魃とは逆に、豪雨などで河川の氾濫や山崩れなどを引き起こした。現在でも河川はとても十分には制御できておらず、毎年のようにどこかで大きな水害が発生している。その氾濫を怖れ、水源地はもちろん、中流にも、河口にも神社がある。

素戔嗚尊《すさのおのみこと》が退治した八俣《やまた》の大蛇《おろち》とは出雲の斐伊川（肥川）であったと考えられている。中国山地では砂鉄採取と鉄（たたら）の精錬のための木炭生産で森林はひどく荒廃し、そのため斐伊川が天井川となり氾濫、大きく流路を変え、その流路が八つにも分かれていたのである。現在でも、周辺より川の流れ（河床）の方が高い天井川として知られている。伝説では素戔嗚尊だが、当時の人々がその斐伊川の流れを安定させたということだ。河川改修の知識・技術をもっていた、水源の森の大切さを知っていたということであろう。

　出雲市にこの素戔嗚尊を祭神とする須佐神社があるが、瀬戸内海に注ぐ河川の中・下流にも須佐神社、素戔嗚神社、素戔嗚尊神社などがある。京阪神でも西宮市甲子園に素盞雄神社、奈良県宇陀市に素佐之男神社、桜井市に素盞雄神社がある。素戔嗚尊を祭神とする神社は多いが、これには祇園社を神社にしたところがあるのが理由のようだ。斐伊川を鎮めた素戔嗚尊にあやかって河川の安全を祈願した、あるいは斐伊川の治水の経験者がここにも来てこれらの河川を治めたということであろう。同時に、森林の大切さがわかっていた、森林を守り育てていたということだと思う。

　すでに述べたように、七福神のお一人である弁才天（弁財天）はもともと水を司るヒンドゥの女神である。日本では音楽・芸能の神として、いつも琵琶をもっているが、それでも弁才天の多くは琵琶湖竹生島《ちくぶしま》、鎌倉江の島など水辺に祀られている。中世にはとぐろを巻くヘビの姿の老翁・宇賀神と結びつき、弁財天に代わって宇賀弁才天が水を司るようになった。京都・宇治の三室戸寺の本堂前に大きな宇賀神像があるが、耳、あご髭、しっぽを触るとそれぞれ福、健康、金運を授かるとされ、多くの人が触っていた。ここでは治水の神、弁財天のイメージとはちがった。

ため池と棚田

水田に注ぐ小川の上流、里山、その奥の谷間にはどこにもため池がつくられている。水田への水の安定供給を願ってのことである。水田への水路は春、田に水を張るまえに水田利用者が共同で掃除をした。水路に貯まった泥を掘り上げ、両側の草を刈るなどの共同作業をした。この作業が連綿と続けられた。共同体が生きていたのである。文部省唱歌「春の小川」で「さらさらながる（いくよ）」も、その作業の結果、流れがよくなったのである。

ため池には自然に泥が貯まるので、秋、稲刈りが終わったあとで、水を抜いた。コイ、フナ、ナマズなどの魚を捕るイベントでもあるが、水の少なくなった池底を歩き回ることで、泥が外へ排出される。主目的は泥さらえということだ。これで貯水量が増える。これを掻《か》い掘り、池干し、泥流しなどといっている。うまく生き残った魚が次の年までに増えてくれる、あるいはそのために稚魚を放したりもした。しかし、こんなところにまでもブルーギルやブラックバスなどの外来魚が放されているし、ガーやワニガメさえいるところがある。京都・大覚寺大沢の池ではコイを養殖し、毎年秋にこれを収獲、販売している。

ため池は農業に欠かせないものであるが、一方でため池の堰堤《えんてい》が崩れ決壊するおそれがある。そのため、ため池の堰堤にはネザサなどを植え、それを低く刈り込むことで地中の根を増やし、土壌が崩れないようにするなど、手入れをしている。

稲作をしているところにはどこにも棚田がある。世界遺産に指定されているフィリピン、ルソン島イフガオの棚田やインドネシア、バリ島のジャティルイやテガララン、中国南部の雲南省、国内でも能登半島先端の千枚田、和歌山紀北町、あるいは和歌山県清水町の蘭島《あらぎしま》などの棚田はどこもきれいだが、その棚田はすべて水あってのものだ。その水、どこから来ているのだろう。まちがいなく上流に水を供給する森林があるはずだ。

開発途上国で実行されるアグロフォレストリーとは、同一の土地で林業（森林）と農業（畜産業・水産業を含む）を営むことである。この中で、先のイフガオの棚田もアグロフォレストリーの一例として挙げられることがある。棚田は農業だけを営んでいるのではないのか、同一の土地での林業と農業ではないと思われるだろう。しかし、その上流には必ず水を供給する森林がある。上流に森林がなくては棚田は存在しない。同一の土地ではないが森林と棚田が深く結びついているということで、時にアグロフォレストリーとして扱われるのである。

フィリピン、ルソン島イフガオの棚田

蘭（あらぎ）島（和歌山県有田川町清水）

森は天然林、林は人工林か

一　人が植えたかどうか

明快に区別できるか

すでに述べたように、人が植えたかどうか、すなわち、人が植えていないところを「森」、人が植えたところを「林」を区分するのは、一般にはわかりやすい。もちろん、苗木を植えなくても、種子を播くこと、あるいは直挿《じかざし》といって切った枝を地面に直接挿す方法もある。ともかく、前者が森、すなわち天然林、後者が林、すなわち人工林である。これは外国でも通用する。天然林（自然林）（Woodland, Natural forest, Primary forest）と人工林（Artificial forest, Plantation, Man-made forest）の区分である。これで森と林の区分はわかりやすいとはいったものの、実はそれほど簡単ではない。

まず、森・天然林についてだが、ほかに原始林・原生林・自然林といった言葉がある。原始林・原生林はまったく人手の入っていない森林を意味する。しかし、そんなところが地球上にまだあるのだろうか。

南米アマゾンの奥地にはあるのではといわれるか知れないが、そこにも原住民と呼ばれる人々が生活し、衣食住すべての材料を森林から得ている。シベリアのタイガでも人々が狩猟を主として暮らしている。日本の場合を考えても、山岳地の崖や離島など人が立ち入れないわずかなところを除き、山菜採り・狩猟などに入っているであろう。もし、残っていてもその面積はきわめて小さいものであろう。

しかし、実際には国指定の天然記念物である奈良・春日山原始林、大台ケ原山麓の三ノ公トガサワラ原始林、大峰山の仏経嶽《ぶっきょうがたけ》原始林、和歌山県・那智原始林、福岡県・新宮の立花山クスノキ原始林、屋久島スギ原始林などは「原始林」として指定されている。原始林は「まったく人手の入っていない森林」、原生林とは「長い期間人手が入っていない森林」とも定義されているが、長い期間の解釈が問題となろう。実際にはこれらが天然記念物として指定された当時、原始林ということばが普通に使われていたということである。

天然記念物でも福岡県宗像《むなかた》市の織幡神社は「織幡神社のイヌマキ天然林」、島根県・大田の三瓶山《さんべさん》は「三瓶山自然林」としての指定である。社叢、それも国指定の天然記念物でも埼玉県・平林寺は境内林、千葉県・笠森寺は自然林、神奈川県・湯河原山神は樹叢、石川県・羽咋《はくい》の気多《けた》神社は社叢、奈良・吉野妹山《いもやま》丹生川上神社中社は妹山樹叢としての指定だ。

天然記念物は文化財保護法、あるいは各府県の文化財保護条例で指定されるのだが、私はことばが原始林、原生林から、自然林と替わっていたと考えている。若い方と話をしていて、昔は天然林だったが、今は自然林になったといったら、天然林より自然林の方がより自然度の高い森林のイメージだといわれた。自然林を極相林の意味に使っているときもある。最近の新聞などでは自然林を使うことが確実に多くなっている。法律も自然保護法や自然環境保全法で、天然保護法ではない。近い将来、「天然記念物」でなく、「自然記念物」になるのかも知れない。

一般的には森＝天然林、林＝人工林だと述べたが、普通にブナ林、モミ・ツガ林、シイ・カシ林などともいっている。先の定義からいえば、ブナ森、モミ・ツガ森、シイ・カシ森といわないといけないはずだ。しかし、そんないい方はしていない。森と林、その言葉のちがいは、ここでもやはり明確には指摘できない。

二　里山は天然林？

植えていない里山

一般的には、人が植えたかどうかが森と林、天然林と人工林のちがいだと説明したものの、実際には話はさらにややこしくなる。たとえば、雑木林・薪炭林とも呼ばれる里山である。農山村周辺にあった里山は現在ではもっと広く里川・里海をも含むものと解釈されている。昔は、といっても、せいぜい三〇年まえだが、そこは薪を採り木炭をつくるところ、ウシやウマなど家畜の飼葉を採るところ、水田に肥料として入れる刈敷を採るところであった。

また、四季を通じ、ワラビやゼンマイなど山菜やマツタケなどのきのこを採るところ、カシワ餅を包むサルトリイバラの葉を採る、秋の月見のススキの穂を採ってくる、さらにはサカキ、ユズリハ、ウラジロ、シキミなど神事・仏事に使うもの、あるいは春ならショウブ（菖蒲）、夏には盆花と呼ばれるお盆のミソハギ、秋のススキやオミナエシなど季節の行事のための花を採ってくるところでもあった。この里山に農用林という言葉もあった。里山は生活に密着した存在であった。そこでは樹木は定期的に伐られ薪炭として利用され、このことによってコナラやアカマツが再生した。コナラのドングリ、アカマツの種子が発芽し、伐られたコナラの切り株から萌芽がでてきたのである。この里山に二次林とか、半自然林とか里山林といった呼び方もある。

この里山の場合、樹木は自然に生えてきて、森林が再生したのである。樹木を一斉・同時に伐る皆伐でなく、利用できる大きな木だけを抜き伐りし、そのあと、周囲の森林からの種子の飛来・発芽、埋土種子の発芽、切り株からの萌芽などで次の森林の再生を待つのである。ちょっとむつかしい用語だが、これを「天然更新」という。種子の飛来・発芽を待つ場合を天然下種更新、切り株からの萌芽を育てる場合を萌芽更新といっている。萌芽林と呼ばれるところである。どちらも皆伐しないので、土砂流出が抑えられるが、多様な樹種が再生し、有用でない樹木も当然でてくる。しかし、二〇年後あるいは五〇年後には、元の森林に似た森林が再生される。とくに、熱帯雨林のように多様な樹種で構成され、またそこに多様な生物種の存在が確認されるとき、生物多様性の維持にはこの方法は有効である。また、植林（造林）に経費をかけなくてもいいというメリットもある。

里山（大木がなく、株立ちの樹木が多い）

この更新法の一つの萌芽更新とは、先に述べたように里山でのコナラ、クヌギ、アベマキなど、切り株からの萌芽で次の森林を造成する方法である。その典型が和歌山のウバメガシ（ウマメガシ）林である。和歌山県は植林の神、五十《いそ》猛命《たけるのみこと》を祀る紀伊一の宮伊《い》太祁曾《たけ(き)そ》神社のある木（紀）の国ではあるが、南紀海岸部はやせ地でスギ・ヒノキ林の造成には適さない。

　ウバメガシの語源は葉のかたちが馬の目に似ていることで、漢字で書くと「馬目樫」である。背の低い、曲がりくねった樹幹の樹木である。ドングリ（種子）からの発芽ももちろんあるが、切り株から萌芽がでるという特徴をもつ。生育は遅くそれだけに年輪は密で、硬い材をもっている。これを特殊な炭焼き法で、叩くと金属音のする備長炭に加工する。炭窯に入れるとき、このウバメガシは曲がりくねっていて、窯には少ししか入らない。そのため曲がっているところには楔を入れるなどして、まっすぐにして窯に入れている。

　備長炭生産のために、このウバメガシ林は定期的にほぼ二〇〜三〇年ごとに皆伐される。ある大手新聞の一面にカラーで「皆伐無残」とこの光景が掲載されたことがある。しかし、この記事を書いた記者は、ウバメガシは切り株から萌芽すること、伐採が森林再生の始まりだということを知らなかったようだ。新しい苗木を植えなくてもいいのである。和歌山南部ではこの方法を何百年にもわたって続け、ウバメガシ林の維持と備長炭生産技術を確立してきたのである。

　雑木《ぞうき》林《ばやし(りん)》とは、普通にはスギ・ヒノキ人工林に対しての広葉樹林のことを指す。スギ・ヒノキに対し、トチノキ、カツラ、クリ、ミズナラなどの有用な樹種があっても、雑《ざつ》として扱われていた。関東地方では雑木林とは国木田独歩の『武蔵野』のケヤキ林のイメージであろう。その雑木林を美しいとする。その山村では原生林でも雑木林と呼んでいた。雑木林といっても、多様な森林タイプが含まれていたのである。

　昔話「桃太郎」で「おじいさんは山へ柴刈りに、おばあさんは川へ洗濯に行く」とあるが、柴刈りは「芝刈り」ではない。薪拾い、薪とりのことである。洗濯と同様、毎日の仕事であった。しかし、薪炭の需要がなくなり里山が放置された。どこへ行っても、この里山の樹木、それもコナラ、クヌギ、アベマキ、さらにはアカマツも、すでに直径三〇センチを越えている。もう、とても素人では伐れないし、伐っても需要はない。今後もそのまま放置されるのだろう。

山親父・あがりこ

京都の大原などではクヌギ・アベマキなどは高さ一・五メートルほどのところで伐って、そこから萌芽した枝を薪に使った。高いところで伐るのは、この方が萌芽がでやすく、伐採がしやすかったこと、地表では畑作ができるなどの利点があったのであろう。大原女《おはらめ》が京都の町へ売りにいったのは、この粗朶《そだ》と呼んでいた萌芽した枝やコバノミツバツツジであった。独特の衣装を着て、手拭いで頬かむりをして頭の上に粗朶を載せ売りにいったのである。頭の上に粗朶を載せるのだから、ごみも落ちてくる。頬かむりは必須のものであった。この衣装は寂光院に隠棲した安徳天皇の母 平徳子《たいらのとくこ》にここで仕えた阿波内侍《あわのないし》が始まりだとされているが、やはり村の女性の衣装を阿波内侍も着たということであろう。しかし、生活に困り頭に粗朶を載せ売りにいったとは思えない。大原御幸《おおはらごこう》で後白河法皇が寂光院に徳子を訪ねるのである。誤解されているが、頭に花を載せ売りにいったのは白川女《しらかわめ》である。

同じ高さで伐るとはいっても、萌芽のでる位置は伐るごとに少しずつ高くなる。さらに、この萌芽のでたところは次第に大きく膨らみ、遠くから見るとこぶ状になり、

山親父（頭木更新）（京都・岩倉）

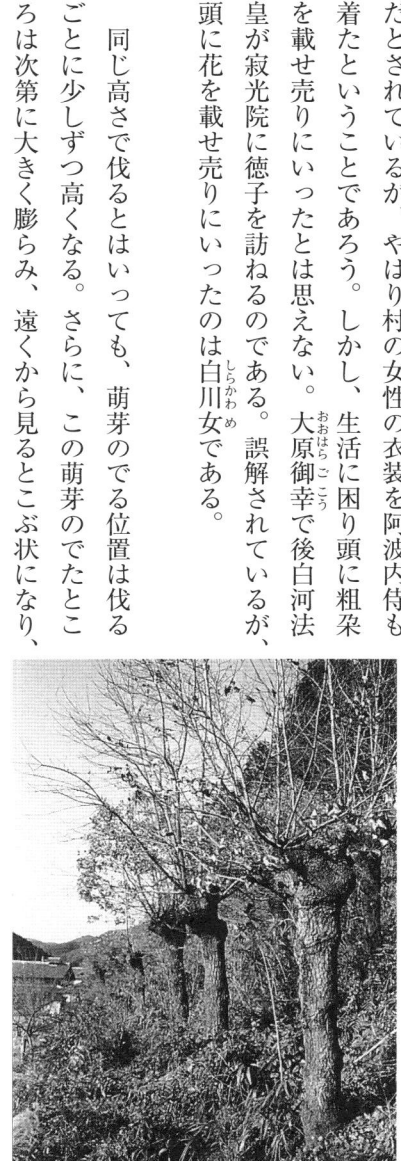

時に異様なかたちになる。琵琶湖北部ではこれを「山親父」などと呼んでいる。東北地方ではブナ、コナラなどのこのようなかたちになったものを「あがりこ」と呼んでいる。秋田県鳥海山麓のにかほ市象潟町《きさかたまち》には「あがりこ大王」「あがりこ女王」と名づけられたブナの大きなものがある。山親父と似たものだが、それぞれに個性がある。

大阪府北部猪名川流域の川西、能勢《のせ》などでは切口が菊の花に似る菊炭、あるいは集積されたのが池田なので池田炭と呼ばれる茶席用の高級炭が現在でもクヌギからつくられている。これも一・五メートルほどの高さで伐採し萌芽更新させたもので、この地方では台場クヌギと呼ばれている。この高さで伐る方が萌芽がたくさんでて生育もいいこと、作業もしやすいといったことを経験的に確かめていたのだろう。もちろん、地面を耕作に使えることもあったと思う。

このような萌芽からの更新、それも一・五メートルの高いところなどで伐る方式を「頭木更新」ともいう。山親父、あがりこ、台場クヌギなどがこれにあたる。これらは何も日本独自の更新方法でなく、全世界に広く認められるものだ。これを台伐りとか台株、英語ではポラード（Pollard）と呼ぶ。ヨーロッパでこの高さにするのは、家畜に食べられない高さで萌芽させるためだとされている。高いところで葉を展開させ、地表では放牧などを行ったのである。東南アジアでもマメ科のタガヤサン（鉄刀木）やギンネム（イピルイピル）（銀合歓）などを高いところで萌芽させ、それらを薪炭材として利用している。

さて、人が植えたかどうかが森と林、天然林と人工林との区別だとしたら、この里山は人が植えていないのだから、まちがいなく森、天然林ということになる。しかし、この里山・雑木林を天然林だといったら、疑問に思われる方が多いだろう。ここでは繰り返し伐採しているのだから、先に述べた太古から樹木を伐っていないところだとされる原始林・原生林の条件は満たさない。実際、里山の天然林はブナ・ミズナラ、シイ・カシなどの原生林とは景観も森林の構造も大きく異なる。

英語でも原生の森林を一次林（Primary forest）、伐採など人手が入った後、再生した森林を二次林（Secondary forest）と区分する。一度手の入ったところが二次林で、何度も繰り返し人手が入っても二次林で、三次林とはいわない。ある雑誌で三次林という言葉を見つけたがこれは誤用である。天然林といっても原生林（一次林）と里山（二次林）との大きなちがいを意識し、林学では里山・二次林を「天然生林」と呼んで、「天然林」と区別していた。

天然林でもブナ林、シイ林というし、密に植えたヒノキ・スギでもヒノキ林、スギ林という。ブナ森、シイ森とはいわない。雑木林ということばはあるが、雑木森とはいわない。鎮守の林とはいわないといいながら、神域林、神体林とか境内林といった言葉が使われている。鎮守の森に「林」もやはり使われていた。日本語は本当にあいまいだ。

私は林学科の出身だが、すでに日本の大学では林学科はなくなり、ほとんどが森林科学科と改称している。学会も林学会から森林学会に代わった。学生時代は気にしなかったが、学科名が「森学」でなく、「林学」であったのは、やはり木材生産を目的とする人工林の造成、それを管理する森林官の養成が第一の教育目標だったからだろう。森林は木材生産のみならず、水源涵養、山崩れ防止など防災、生物多様性の保護など多様な機能を果たしていることから、人工林のみでなく天然林の維持管理をも視野に入れて「森林科学科」としたことは、いい決断であったと思っている。なお、天然林を伐ってスギ・ヒノキ林などの人工林に転換することを拡大造林（Afforestation）、スギやヒノキ林を伐ってもう一度スギ・ヒノキを植えることを再造林（Reforestation）といっている。

三　天然林の中に苗木を植える（更新補助作業）

大木だけを伐る

択伐天然更新の欠点は有用でない樹木もたくさん残るということだ。東南アジアの熱帯雨林、たとえばボルネオやマレー半島でも、択伐天然更新法で有用なフタバガキ科樹木の大径木のみを伐採・搬出している。有用な樹木だけを抜き伐りしているということだから、残された樹木が有用でない樹木ばかりになるおそれがある。そこで、ここでは択伐後、苗畑で育成した有用樹の苗木を林内に一定間隔で、あるいは有用樹の少ないところへ群状に植えている。日本で一般にラワンと呼ばれているフタバガキ科サラノキ（*Shorea*）属の有用樹木や熱帯の針葉樹であるナンヨウスギ科ナギモドキ（*Agathis*）属などの苗木である。将来、有用樹の多い森林が再生することを期待してのことである。

日本でも、天然更新がうまく成功するように、種子の発芽を促すため地表を掻き起こす地掻《じかき》や稚樹の生育を阻害するササや低木を刈り払うことをしていた。また、最近はあまり行われていないようだが、森林内にウシを放し、地面を踏んだり耕してもらうことで、落下種子の発芽をよくする蹄耕法というのさえあった。これらの作業を更新補助作業とかエンリッチメント（Enrichment）といっている。この場合、ここは天然林なのか人工林なのか、どう判断すればいいのだろう。

そんな例はもっと身近なところにもある。実際、スギやヒノキの林に入ってもらえばわかるが、そこに稚樹（実生）はほとんど生えていない。とくに、ヒノキ林では林内は暗く、シダや草本などの林床植生もほとんど生えていない。日本三大美林の一つ、木曽・赤沢のヒノキ林はさすがに素晴らしく、多くの方が訪れているが、その林内は暗くヒノキの稚樹はほとんどない。生えてくるのはサワラやアスナロだけらしい。このヒノキ林の一部には苗畑で養成したヒノキ苗が植え込まれている。ヒノキ林の持続を願ってのことである。

同様に、高知県東部のスギの三大美林の一つとされる魚梁瀬《やなせ》千本山のスギ天然林はどれも背が高く、樹上を見上げると鉢巻も帽子も落ちてしまうという「鉢巻落とし」といわれるところさえある。しかし、この大木のスギの間にも小さなスギが生えていない。後継樹がないのである。このため、ここでも養成したスギ苗木を植え込んでいる。将来、これらがうまく育ってくれたとき、ここは天然林なのだろうか、人工林なのだろうか。

森と林、天然林と人工林を人が植えたか植えないかで決めるといったが、こんな事例を知ると、その区分は簡単ではないことがわかっていただけよう。

魚梁瀬千本山スギ林（高知県馬路村）

木曽赤沢ヒノキ林

森林の構造

一　面積当たりの本数の制限

森と林、天然（自然）林と人工林のちがいなどについて述べてきたが、社叢もまちがいなく森林である。その森林の構造とはどんなものか。ここで簡単に述べておこう。森林の種組成・構造は、局地的には土壌や地形も影響するが、大きくは雨量（降水量）と温度で決まる。生育のためには雨量は月一〇〇ミリが必要である。六〇ミリに達しないと生育を阻害する。また、気温も五℃以下では植物は生育を休止する。日本では生育に差し支えない雨量が一年を通してあるのだが、気温は冬には低く生育には適さない。すなわち、大きく気温の影響を受けている。寒冷地の北日本や山岳地では樹木は冬の間、葉を落して耐える落葉樹が主になる。夏になると緑になるので、夏緑林と呼ぶ。

一方、タイ、ラオスなど東南アジア大陸部では気温は一年中高く植物の生育には差し支えないのに、約半年にも及ぶ長い乾季がある。モンスーン地域ということだ。樹木は熱帯ではあるが、乾季には日本の冬のように葉を落として耐える。主要樹種は落葉樹ということである。もちろん、紅葉も見られる。雨季が始まると緑になるので、これを雨緑林という。

日本の森林は普通、高木層、亜高木層、低木層と地表の草本層からなる。近畿地方の森、照葉樹林とも呼ばれる常緑樹林なら上木の高木層はシイ、アラカシなど、亜高木層はサカキ、シロダモ、カナメモチ、低木層はアオキ、アリドオシなどで構成される。地表にはシダや草本がはえる。わずかに差し込む光を求めてヤマフジ、アケビなどのツル植物が樹木に巻きつき樹上に伸びている。林縁、すなわち森と外との境にはマント群落・ソデ（袖）群落と呼ばれる多様な植物が生育する。

より外側のソデ群落にはナガバノモミジイチゴ（キイチゴ）、ツユクサ、イタドリなどの草本、内側のマント群落にはスイカズラ、センニンソウ、ヤブカラシ、クズ、カラスウリなどのツル植物やムラサキシキブ、ウツギ、タラノキなどの低木がはえる。このことで、林内に入る風を和らげる効果もあるし、これらの花や蜜は昆虫を引き寄せ、その果実や種子はけものや鳥類の餌ともなり、森林のもつ生物多様性を高める。

森林の一定面積当たりに入る樹木の本数は決まっていて上限がある。ブナ林など天然林では一ヘクタール当たりせいぜい八〇〇～一二〇〇本だ。小さなものなら本数は多いが、大径木だけなら少なくなる。それは樹冠の閉鎖度・胸高断面積合計で説明できる。樹木は太陽の光を受けるため葉をつけた枝を周囲に伸ばす。そのかたちはほぼ円形だ。下から見ても隣の樹冠とは触れあわず、ほんの少し隙間があるだけだ。樹木に着いている葉の量は全面積を三～四回覆

スギ林の樹冠

えるほどにもなる。

酒どころ、灘や伏見の酒樽つくりに使われる吉野スギは密植といわれ、一ヘクタール当たり一万本、すなわち一メートルごとに一本ずつ苗木を植えていくが、最終伐期にはせいぜい六〇〇本くらいにまで減らす。樹木どうしが競争するので、樹形の悪いもの、競争に負けたものを除伐・間伐といって間引いていくのである。昔はこの間伐材でも売れた。お金が欲しいため伐るのを収入間伐といったのだが、現在は林業不況で大きな間伐材が林内に倒されたまま放置されている。いずれ分解され養分になるとはいえ、もったいない光景だ。

スギ林に放置された間伐材

樹冠（林冠）の隙間から入る光で、灌木や地表の植物が生きている。ある程度の暗さに耐えられることがここで生存できる条件だ。一方、春早く、ブナやミズナラの葉が展開しないうちに生育し、花を咲かせるものもある。スプリング・エフェメラル（春の妖精・春植物）と呼ばれるカタクリ、エンゴサク、ニリンソウ、セツブンソウ、キクザキイチゲ、フクジュソウなどだ。森林の中では光、場所を取りあってのきびしい争いがある。

二　原生林は平衡状態

森林の一定面積当たりに生える樹木の幹の面積を胸高断面積合計という。すなわち、樹木が占める面積だが、これは普通のスギ・ヒノキ林で一ヘクタール当たり四〇～六〇平方メートル、大径木からなるスギ林でも最大一〇〇平方メートルを越えるところは知られていない。信じられないだろうが、樹木の占める面積はわずか一パーセントにも満たず、森林の九九パーセントが隙間だということである。このことから見ても面積当たりに生える樹木の本数が大きく制限されていることが理解できる。

日本では毎年、春になると新しい葉が出てくる。この葉の量を新葉量というが、その値はスギ林でもブナ林でもほぼ一ヘクタール当たり三トンである。落葉樹林では秋になれば、この葉はすべて落ちる。すなわち、新葉量と同じく落葉量も一ヘクタール当たり三トンである。しかし、シイ・カシなどの常緑広葉樹やスギ・ヒノキ・オオシラビソなど常緑の針葉樹では冬でも葉がついている。実はここでも、主として春と秋に葉を落としている。毎年新しい葉が加わり、同じ量の古い葉を落としているということである。樹木についている葉の量は葉の寿命による。ブナやミズナラ、カラマ

ブナ天然林（京都府南丹市美山町芦生）

ツではわずか一年、実際には春から秋の半年だ。常緑のクスノキでも春にはすべての葉が入れ替わる。寿命は丸一年だ。マツ類では葉の寿命は二〜三年だが、モミ・オオシラビソ・シラベなどでは六年にも及ぶ。それでも毎年、一定の新葉量を着け、それと同じ量の葉を古くなったものから落しているのである。

地表に貯まる落ち葉の量にも同じことがいえる。毎年、落ちてくる葉の量は一定である。ということは毎年同じ量が分解され、無機養分となって土壌中に貯まり、根から吸収されているということだ。毎年、落ちてくる量と地表に貯まっている量の比を見れば、何年分貯まっているか、何年で分解・消失するかがわかる。シイ・カシ林では一〜二年、ブナ林では二〜三年だが、オオシラビソ・コメツガ林などでは二〇年以上もかかることになる。こんな森林では地表に厚く落ち葉が貯まっているはずである。

樹木が生長する量（生長量・光合成量）、すなわち、葉、幹、枝、根の生長量（生産量）は普通一ヘクタール当たり一〇トン程度であるが、ユーカリやアカシアなど生長のいい早生樹では年二〇〜三〇トン程度にもなる。それだけの材や葉をつくるための量の養分が根から吸収されていることになる。その樹木を伐採し、林外へ持ち出せば、林内にはそれだけの量の養分が減ったということになる。短期間に繰り返し皆伐し、木材を搬出すれば、森林の土壌は次第に痩せてしまう。

森林には本数に制限がある。樹木がどんどん太るわけにはいかない。極相林・原生林では生長に見合うだけの量を減らさないといけないのである。すなわち、

ギャップ（老木が倒れ、若木に場所を譲る）

数年ごとにどれかを枯らして、後継樹の生育する場所、枝を伸ばす場所をつくっている。競争を和らげるため、枝もせっせと落としているのである。樹木が枯れてあいた空間をギャップといっている。

森林、それも極相林・原生林では生産（光合成）と分解（二酸化炭素の放出）を同時に一定の比率で行っている。極相林・原生林が平衡状態を保っているといわれる由縁である。鎮守の森が二酸化炭素の固定に貢献しているとよくいわれるが、社叢が極相林・原生林なら大きく貢献しているとはいえない。光合成で二酸化炭素を固定すると同時に、落葉の分解でほぼ同じ量の二酸化炭素を放出しているからである。

しかし、酸素をつくりだすのは樹木を含めた緑色植物である。社叢の樹木が酸素をつくりだすことに貢献していることはまちがいない。このことは強調していい。

第3章　人と社叢の関わり

献木と社寺での植林

一　献木の伝統

社寺にある献木・記念植樹

伝統的に神社境内は不入の森・禁足地だとされているが、逆に、人が立ち入ってせっせと、樹木を植えてきたのも事実なのである。先に社叢も森林であると述べ、その構造・機能は森林と同じであると述べた。社叢には献木・記念植樹の伝統があるし、神事・仏事に使われる樹木、神仏にゆかりの樹木が植えられている。その中には自然分布しないもの、外来種もある。その意味では社叢と森林に少しちがいがあるともいえる。

実際、社叢には古くから多くの樹木が「献木」として植えられている。境内にある巨樹・巨木に注連縄《しめなわ》が張られ神木とされるように、私たちは巨樹・巨木には特別なものを感じるが、社寺の創建時に、あるいは参拝記念として植樹することは古くからの伝統である。それが大木になり神木になることを祈っての献木もあったはずだ。境内地や神社そのもの自体が戦勝祈願などで、寄進されたのである。

長い間、都であった京都の社寺には時の権力者が残したこのような樹木がたくさん残されている。たとえば、若一《にゃくいち》神社のクスノキは平清盛、新熊野《いまくまの》神社のクスノキは後白河法皇、武信《たけのぶ》稲荷神社のエノキは平重盛、男山・石清水八幡宮のクスノキは楠正成、クロマツは源頼朝、建仁寺のボダイジュは栄西禅師、東福寺のイブキ（ビャクシン）は開山国師、青蓮院のクスノキは親鸞上人が植えたとされている。

奈良・春日大社には国指定天然記念物の竹柏《ちくはく》とされているナギ林がある。ナギは海が「凪ぐ」にかけ、サカキの代わりに船魂《ふなだま》さんに捧げられ、熊野大社系神社では神木とされるものである。船魂さんとは神様のお一人で、船の進水式（竣工式）のとき、神棚に祀られる。大型客船はもちろん、小さな漁船、自衛隊の護衛艦にも必ず祀られている。しかし、ナギの自然分布は本州では山口県、四国、九州、沖縄とされ、もともと奈良には分布しなかったものだ。春日大社のナギもその起源は山口からの献木だともされる。

紀伊半島新宮市の熊野速玉大社には天然記念物の大きなナギがあるが、もともとこの地方にもナギはなかったようだ。このナギも植えられたものであるともされている。

現在でもこの献木の伝統は残されていて、神社・寺院を訪れて、こんな樹木がここにあったのかと驚くことがある。京都・伏見稲荷大社本殿から一の峰へ向う参詣道に沿ってツバキ科の樹木でナツツバキに近縁の樹皮が鮮やかな赤褐色のヒメシャラがある。これを自生だとした解説もあるが、どれも大木でないこと、近くに自生地のないこと、参詣道に沿ってあることから、植えられたものであることは確かだ。

京都・上賀茂神社にはアメリカ原産のテーダマツとストローブマツ、藤森神社には三鈷《さんこ》の松とされる中国原産のハクショウ（白松）、永観堂禅林寺、大覚寺、車折《くるまざき》神社に北アメリカ原産のダイオウショウ（大王松）、伏見稲荷大社や城南宮には対馬や東海地方特産のヒトツバタゴ（ナンジャモンジャノキ）がある。

下鴨神社の御手洗池の奥には中国原産のモクレン科のミヤマガンショウと思われるものが二本ある。黒谷金戒光明寺には九州、沖縄など暖地に分布するシマモクセイ（ナタオレノキ）、真正極楽寺（真如堂）

にはカエデの仲間で東海地方特産のハナノキやもともとの分布は朝鮮半島・中国とされるモクゲンジと中国原産のオオモクゲンジがある。

一般に社寺境内にスギが多いが、これらの多くも植えられたものであることはまちがいない。まっすぐに伸び大木になり、有用樹でもあるからだ。太宰府天満宮の境内にはウメを愛したとされる菅原道真にちなみ、約二〇〇品種、約六〇〇〇本のウメがあるとされる。これがすべて古くからの献木なのである。道真に捧げられたものだ。

福岡県宇美市の宇美八幡宮は神功皇后が三韓遠征から凱旋したあと、ここである樹木に取りすがって皇子（応神天皇）を無事出産されたとされるところだ。これが神木「子安の木」として保存されている。コヤスノキ（ヒメシキミ）は日本では兵庫県西部・岡山県東部と中国、台湾に隔離分布するという珍しい樹木だが、トベラ科の樹高せいぜい二メートルの目立たない低木である。どうしてそんな木がそこにあるのかと疑問に思ってでかけてみたことがある。

実際に見てわかったのだが、宇美八幡宮の「子安の木」は中国原産のマメ科のエンジュ（槐・延寿）であった。現在では大気汚染に強いとされ、大都市の街路樹としてもよく植えられているものだ。それも大木ではなく、枯れた根元からの萌芽が伸びているだけで、ちょっとがっかりした。このエンジュがいつからここにあるのかわからないが、植えられたものであることはまちがいない。この

宇美八幡宮のコヤスノキ（エンジュ）

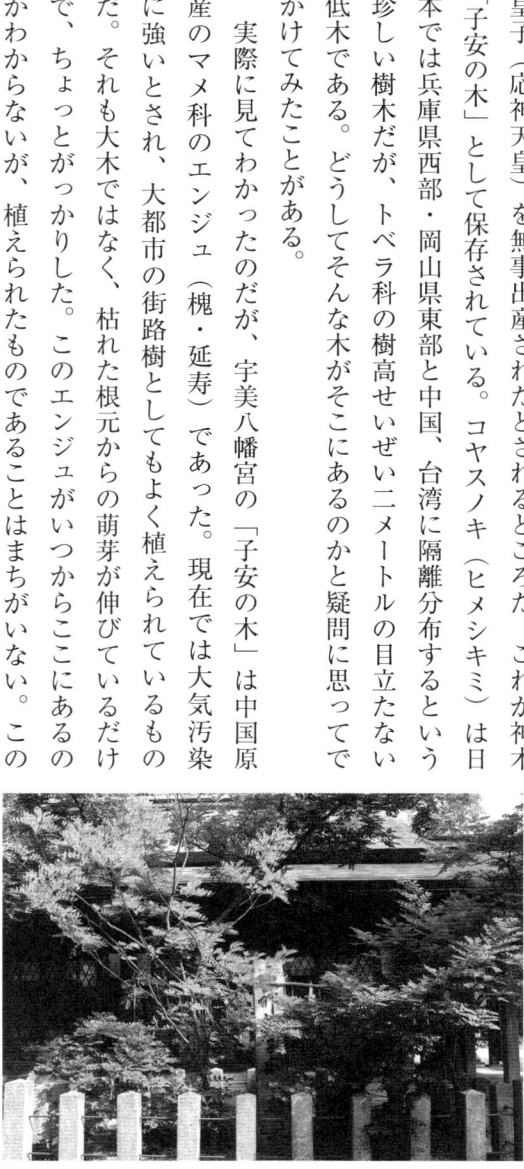

境内にある湯方《ゆのかた》神社は応神天皇をとりあげた助産婦の神とされ、安産を願ってこのエンジュの葉の入ったお守りを授けていた。

社叢の林相も変わる

社寺に献木することは特別なことではない。それは植林することにも通じるのだが、それに関係する神様が二人おられる。須佐之男命《すさのおのみこと》（古事記）／素戔嗚尊《すさのおのみこと》（日本書記）と五十《いそ》猛命《たけるのみこと》である。

須佐之男命（古事記）／素戔嗚尊（日本書記）はよくわからない神様だ。古事記では天照大神の怒りに触れ、高天原《たかまがはら》を追放された後、突然、出雲へ現れ、八俣大蛇《やまたのおろち》を鎮め、出雲を治める。中世には武塔神《むとうしん》（牛頭天王《ごずてんのう》）となり蘇民将来《そみんしょうらい》の家を訪れ、茅《ち》の輪《わ》を身につければ魔除けになることを教える。その武塔神（牛頭天王）こそ素戔嗚尊だったとされる。日本書記では素戔嗚尊（素戔男尊）は高天原から追放されたあと、朝鮮半島の新羅《しらぎ》へ降臨したが、そこを嫌ってすぐにその子、五十猛命とともに土船で出雲国斐伊川に渡ったとされる。素戔嗚尊は日本へ渡るとき、たくさんの木種を携えそれを植えた。そのことで樹木の茂る山々が連なるようになった。全国に木を植えて回ったあと、紀伊の国に住んだとされる。

なぜか紀伊の国に逃れてきた大国主命をかくまう大屋毘古神《おおやびこのかみ》はこの五十猛命と同神とされ、妹神の大《おお》屋都比売命《やつひめのみこと》と都麻津比売命《つまつひめのみこと》とともに山に木を植えたとされ、和歌山・紀伊一の宮伊太祁曾《いたけ(き)そ》神社に一緒に祀られている。この五十猛命を祭神とする神社は熱海・来宮《きのみや》神社、佐渡・度津《わたつ》神社、島原猛島神社などがあり、林業地にある小さな神社にはこの伊太祁曾神社から請来したものが多い。

伊勢神宮外宮の末社に毛理《もり》神社がある。祭神は文字通り木神《きのかみ》で、神木の神を祀るとされる。五十猛命とは別神のようである。

境内の静寂・荘厳さを守るために、社叢に記念として献木することや将来の用材のためとして、植林したこともまた事実で、社寺の森が「不入の森」としてまったく人の手が入っていないというのも誤解である。社叢には不入の森の伝統があり、そこに地域の原植生、極性相の森林が残され、貴重な動植物の生息・分布地となっていることを強調しながら、社叢には献木の歴史があり、攪乱を受けてきたと、ちょっと矛盾することを述べているが、どちらも事実である。

それは各社寺に残る古い絵図でよくわかる。そこに描かれた社叢の様相が、五〇年、一〇〇年で大きく変わるのである。たとえば、京都祇園・八坂神社では四条通りに面した西門の後ろは現在クスノキで覆われているが、残されている明治時代初期の写真では背景は大きなクロマツで、境内は明るくすっきりしたものであった。

下鴨神社糺《ただす》の森も、たとえば『都名所図会』（一七八〇年）では本殿の後背にはスギなどの高木があるが、広い参道に沿ってはクロマツが並ぶ明るい境内であったようだ。現在の景観と大きく異なっていたことは確かだ。ここ糺の森は昭和九年（一九三四）の室戸台風により壊滅的な被害を受けた。その回復にクスノキが植えられたのである。このことにより、ケヤキ、ムクノキ、エノキの落葉広葉樹に、常緑樹でありながら春に一斉に葉を落とし衣替え

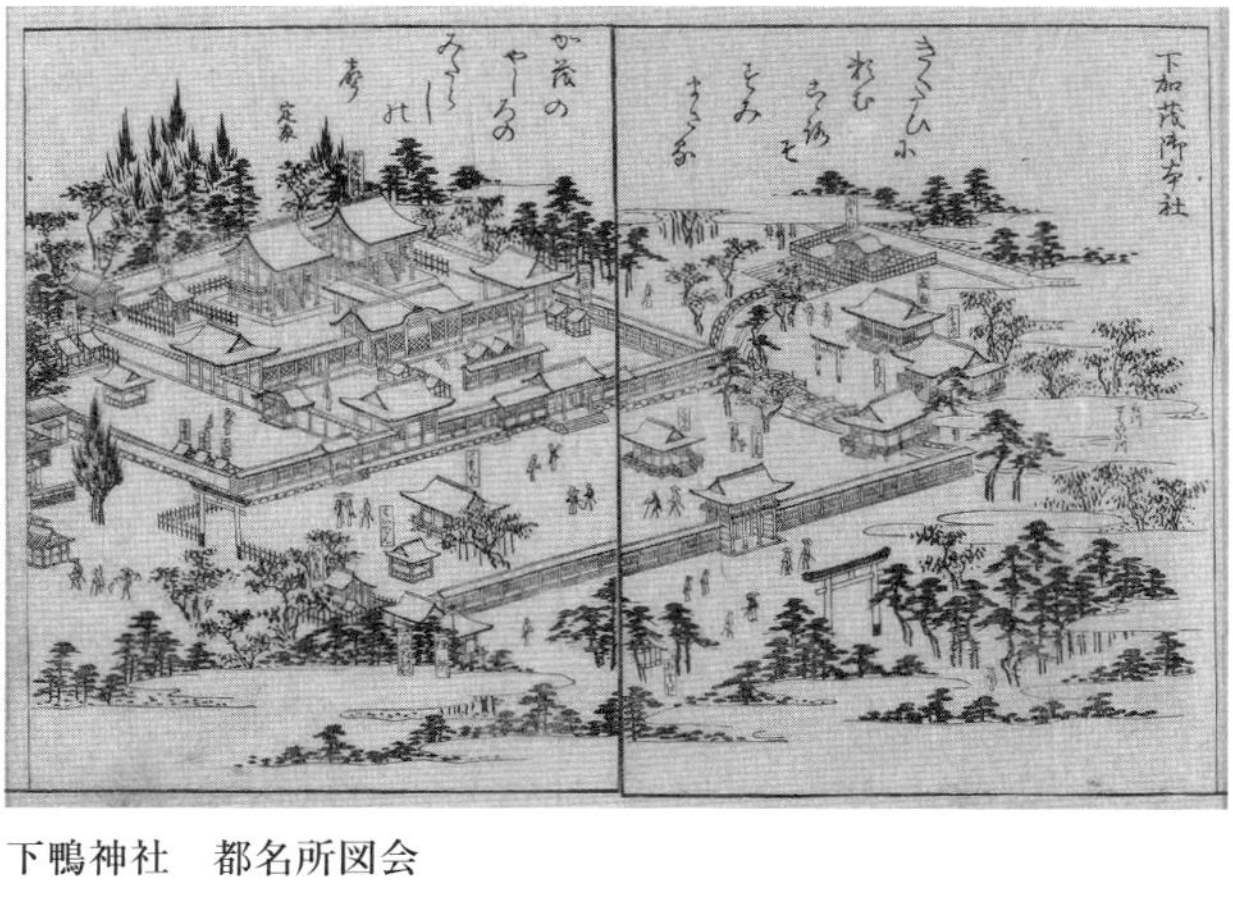

下鴨神社　都名所図会

をするクスノキが混じる現在の社叢がつくられた。大きく見えるクスノキも樹齢はほぼ八〇年だということになる。社叢・景観が時代とともに、大きく変わっていることは確かである。

二　社寺での植林の歴史

『三代実録』は平安時代に編纂された歴史書で、清和・陽成・光孝天皇の三代、天安二年（八五八）から仁和《にんな》三年（八八七）までの三〇年の記録で、延喜元年（九〇一）に完成したとされる。この中に、鹿島神宮では「二〇年に一度、主要な六棟の社殿の造り替えをする。用材は五万余本、大工等は一六万九千余人。屋根に葺《ふ》く稲わらは一八万二千余束が必要である。その造営の材料を採る山は那珂《なか》郡にあって、神宮から二〇〇余里もある。また道も険しく運んでくるのもたいへんなことである。宮作りの材木に栗の樹を多く使うし、この樹は植えやすく成長も早いので、神宮の近くの閑地に栗を五七〇〇本、杉を三四万株植えること」を鹿島神宮宮司から要望し、その要請によって「守って殖やすように」と鎌倉幕府も決定したとある。文書にはっきりと記録されている神社境内での植林の記録である。

社叢についても、歴史を知ることで、社寺の成り立ち、社叢と人の関わりがより理解できる。

高野山金剛峰寺

高野山金剛峰寺や比叡山延暦寺は単独の神社・寺院とはその規模・面積が大きくちがう。街全体が宗教都市であった。高野山では高野山全体を一山境内地とし、現在そこに一一七か寺があるとされ、創建時、嵯峨天皇から下賜されたのは七里四方、約三〇〇〇ヘクタールだったとされる。明治二年（一八六九）まで、ここは青巌寺《せいがんじ》と呼ばれていた。高野山金剛峰寺のホームページ「高野山の森林と歴史」によれば、正暦《しょうりゃく》五年（九九四）、落雷による大火で伽藍のほとんどが焼失したとされる。木造の建物だけだ。一度火がでたらとても消し止められなかったであろう。今でも、金剛峰寺の屋根の上には水の入った大きな樽（天水桶）がのっている。雨水を貯めておき火事のとき、類焼を避けるためこれをひっくり返し、屋根を濡らすのである。

再建には大量の木材がいるため、長和年間（一〇一二～一〇一五）、祈親《きしん》上人によって大規模なヒノキの植林が行われ、文化一〇年（一八一三）にはヒノキ、コウヤマキ、スギ、マツ、モミ、ツガのいわゆる高野六木を寺院・伽藍の再建以外に使用することを禁止した。明治初年の上知令でここでも二八八八ヘクタールを上知し、周辺は国有地になったが、大正七年、国の許可を受けて山林を二五七八ヘクタールを管理し、利益の三分の一を支払う保管林契約を設定し、大正九年には山林課（現・

高野山コウヤマキ林

高野山奥の院御廟参道のスギ

山林部）を設けている。戦後、六〇〇〇ヘクタールが返還され、五〇〇〇ヘクタールの国との分収林契約での山林を経営しているとされる。ホームページによれば山林の総面積は一六四二ヘクタールだとしている。大きな山林をもっていること、その面積が大きく変わったこと、一方で金剛峰寺自体も熱心に山林管理を行ってきたことがわかる。

弘法大師のおられる奥の院御廟への参道のスギはどれも大きく立派だ。和歌山県指定の天然記念物で、また国の特別母樹として七三三本が指定されている。ここに立ち並ぶスギの大木も、もとは諸大名からの寄進・献木である。

比叡山延暦寺

比叡山延暦寺は延暦七年（七八八）、伝教大師最澄が根本中堂の前身一乗止観院を建てたことに始まる。天台宗の総本山で、都にも近かったことから、大きな力をもっていた。しかし、元亀二年（一五七一）、織田信長による全山焼き討ちにあい堂塔伽藍ことごとく灰燼に帰したとされる。明治四年の上知令まで一八〇〇ヘクタールの所有であったが軒下までの土地は許されたものの、その他はすべてを没収されたという。昭和一〇年、山林経営目的として使用権だけが認められたが、その後、所有権も返された歴史をもつようだ。現在は天然記念物「比叡山鳥類繁殖地」を含む広大な山林をもっている。

ほぼ全域がスギを中心にした人工林で、延暦寺関係の寺院の建築・改築用材生産とともに、山外にも売るなど林業経営もしている。今後の持続的な森林保全のため「森林継承プロジェクト」を展開している。

社寺の所有面積、その規模が境内社叢の景観に大きく影響する。伊勢神宮、高野山金剛峰寺、比叡山延暦寺など大きな面積をもつ社寺では、社叢はやはり社寺周辺のみで、その外縁に用材生産目的のスギ・ヒノキの大きな山林を所有しているということである。社叢（境内林）と社寺有林は区別した方が話はすっきりする。

社叢の景観は社寺のもつ面積、その中での社叢の占める割合や配置、社寺の創建年代とその後の管理のちがいなどで大きく異なること、また上知令で大きく面積を削られたことを述べた。先に献木や植林での事例を伊勢神宮や高野山金剛峰寺の例で述べたが、これら大規模な植林はきわめて例外的な事例である。都市域で住宅地に囲まれた神社、あるいは水田の向こうに鳥居と社叢が見える農山村の神社でも、その面積はどこも大きくない。実際、どのくらいの面積をもっているのだろう。

その実際を調べた唯一の事例が、上田篤らが滋賀県の依頼で行った滋賀県全域を対象とした「鎮守の森の保存修景のための基礎調査」（一九八二、上田篤『鎮守の森』に詳細な説明がある）である。滋賀県内の各神社ごとに名称（通称・略称）、所在地、宮司、法人格の有無、旧社格、祭神、縁起略歴、周辺環境、参道、社殿の創建年代、形式、配置、社叢の自然環境（樹林の特徴、構成・出現樹種、古木・名木）、文化財、祭礼、氏子の組織、利用状況、集落との関係などを詳細に調べている。そのときの調査のためにつくられた鎮守の森調査カード（Ⅰ）、（Ⅱ）は今後の社叢調査に有用であろう。

それによれば、国土地理院の五万分の一の地形図に表示された神社は滋賀県下で一二四六社であるとし、さらに詳細な各自治体発行の一万分の一地形図では一三六二社になるとする。もちろん、表示されていない小さな神社、祠を含めるともっとあったはずだ。文化庁発行の『宗教年鑑』では滋賀県の神社数は一四四七、寺院数は三二一四とされている。正確な数を把握するのはむつかしい。

滋賀県では旧社格では官幣大社二、県社二八社、郷社五五社、村社六九二社、無格社三社で村社がもっとも多い。境内面積は〇・二五〜〇・五ヘクタールが二九パーセント、〇・五〜一ヘクタールが三三パーセントである。五ヘクタール以上の神社が一一社あるが、〇・一ヘクタール未満の神社も二三社ある。全体の八割が一ヘクタールに満たない所有面積である。神社境内地の中の社叢そのものの面積に関するデータはないが、このような小さな境内面積ではとても社叢と呼べるものはないのであろう。

神社の森に焦点を当て滋賀県全域を対象に悉皆《しっかい》調査したことは高く評価されるのだが、滋賀県では神社数よりも寺院数の方が多い。塀に囲まれた境内地のみの寺院も確かに多いが、寺院周辺に森林をもっているところもある。どのくらいの寺院が境内地のみなのか、どのくらいの寺院が森をもっていたのか、同時に調べていたら、新たな視点が広がったのではなかろうか。

三　献木での社叢の造成

ここでは献木での社叢造成の典型的な実例を伊勢神宮と明治時代に創建された明治神宮、橿原《かしはら》神宮、近江神宮、平安神宮で見てみよう。

伊勢神宮

伊勢神宮の正式名称は「神宮」である。伊勢神宮はすでに述べたように、天照大神を祀る内宮（皇大神宮）と豊受大御神《とようけのおおみかみ》を祀る外宮（豊受大神宮）のほか、別宮、摂社、末社、所管社を合わせ、一二五の宮社を含めての神宮である。鎮座は垂仁天皇二六年（前八五）とされる。

二〇年ごとの式年遷宮が知られている。これは原則として二〇年ごとに正宮・正殿、別宮、鳥居、宇治橋などを造り替えるもので、持統天皇時代（持統四年、六九〇）に第一回が行われ、その後、戦国時代には中断があったが、平成二五年（二〇一三）には第六二回式年遷宮が行われた。この遷宮には莫大な量の用材、とくにヒノキの、それも直径五〇センチ以上の大径木が約一万本も必要とされるという。

このため、明治元年（一八六八）、尾張藩から長野県木曽上松、王滝、大桑、岐阜県中津川、付知の森林八〇〇〇ヘクタールが明治政府に移管され、宮内省帝室林野局管轄の御料林となった。この御料林を神宮備林と呼んだ。神宮の式年遷宮に必要なヒノキ材を確保するためであった。明治三九年（一九〇六）正式に神宮備林として指定された。戦後、帝室林野局は林野庁に吸収されたが、現在でもここ木曽では主としてヒノキ大径材を生産し、式年遷宮の用材をこの地域から供給している。

木曽の御料林が林野庁に移管されると同時に、神宮自身、ご造営用材を自給自足できるようにと、大正一二年（一九二三）から五十鈴川上流の神路山《かみじやま》・島路山《しまじやま》に約五五〇〇ヘクタールの山林を所有し、伐期二〇〇年という長伐期のヒノキ林の経営計画を実施している。現在では遷宮用材の一部を供給できるようになったとされる。神宮では神宮周辺の神域（宮域）林と用材生産の神宮備林とに区別している。神宮備林ではヒノキの植栽・伐採など、一般林業と同様な作業をしている。社殿周辺の神域林（宮域林）とその外側の所有山林とは区別しないといけない。

明治神宮

献木でのもっとも大きな社叢造成の事例が明治神宮であろう。明治神宮の正式名称では神宮の「宮」はウ冠の下は「呂」、口二つで、上下二つの口はつながらない。明治天皇と昭憲皇太后を祭神とし、内苑七二ヘクタール、外苑四九ヘクタール、合わせて約一二〇ヘクタールの大都市東京の中にある大きな社叢・緑地をもつ神社である。明治天皇の崩御後、大正四年に造成を開始し大正九年（一九二〇）に完成した。旧官幣大社である。

内苑は国費によって造成されたものの、外苑は延べ一一万人にも及ぶ全国青年団の勤労奉仕と、全国からの三〇〇余種、約一〇万本の献木、浄財一〇〇〇万円の寄付によって造成された。当時のこと、樺太、中国東北部（満州）、朝鮮や台湾からの献木もあったそうだ。その植栽は無計画に植えられたのではなく、東京帝国大学農学部教授だった本多静六により神社林は本来神籬《ひもろぎ》、永遠に生きる森でなければならないと、将来の林相変化、すなわち五〇年後、一〇〇年後の林相・景観を予測し、針葉樹・広葉樹など多様な樹種、高木・中木・低木を混植した、それらはやがて安定した森林に変化すると予想したのである。

すでに述べたように、ここの樹木はすべて植えられたものである。人が植えたところは「林」だとすれば。ここは「明治神宮の林」ということになる。それはさておき、造成後まもない大正一〇年の調査では植物の総種数は七九一種、樹木の種数は三六五種、約一二万本、そのうち献木一八三種、九万五五五九本、草本一万二〇五株、シバ・リュウノヒゲ類一五坪、官庁より譲り受けた樹木八二二二本、購入樹木二八四〇本だったとされる。

鎮座五〇年を記念しての明治神宮境内総合調査報告（一九八〇）では、樹木は落葉樹一四一種、常緑樹七四種、針葉樹三二種、合計二四七種、本数は目通り周囲一尺（三〇センチ）以上のものが二万三九七九本、それ以下が一四万三七〇九本、合計一六万七六八八本であったとされる、今回の第二次総合調査（鎮座百年記念第二次明治神宮境内総合調査委員会編、二〇一三年）では、樹木（木本類）二三四種、周囲三〇センチ以上の大きなものが二万一一三九本、それ未満の小さなものが一万五一八三本、草本類が三五二種だったとされている。とくに樹木の本数が減っている。これは東京では生育しにくい樹種が植えられたものの、うまく根づかなかったものや一〇〇年間の競争も激しかったのであろう。それでも多くの植物、とくに草本類の種数の多いことに驚く。

明治神宮社叢

　明治神宮はもとの南豊島御料地などを中心としたが、全域が荒廃地・畑だけでなく、一部には大名の別邸や下屋敷などもあったようだ。これらを取り込んだことで多様な植物が生存できる環境が維持され、またつくられたようで、境内に渓流もある。多様な環境がモザイク状に配置されているということだ。

　明治神宮外苑・内苑造成時の理念、その後の境内林・社叢としての維持管理、そして五〇年記念、さらに今回の第二次総合調査（一〇〇年記念）は高く評価できる。造成時の資料・データがあるからその変化・遷移が比較できるのである。次の一五〇年後、二〇〇年後の調査が楽しみでもある。

　大面積であるだけに巨大都市東京の緑地として、また災害避難場所として大きな役割を果たしていることは高く評価できる。

橿原神宮・近江神宮・平安神宮

奈良県橿原市の橿原神宮は神武天皇即位二五五〇年を記念して明治二三年（一八九〇）に創建された。祭神は神武天皇、旧官幣大社である。その後、紀元二六〇〇年記念事業として五三ヘクタールの神苑造営を計画し、ここでも各地から常緑樹を主に一五万本の献木と植栽の勤労奉仕があった。昭和二九年（一九五四）、神苑として整備したが、現在、四五〇種以上の樹木があるとされ、シイ、カシ類を主とする常緑樹林となっている。

滋賀県大津市・近江神宮も、天智天皇六年（六六七）に近江大津宮（大津宮）を開いた天智天皇を祀るため、紀元二六〇〇年記念事業として、昭和一五年（一九四〇）に創建された。ここも旧官幣大社である。ここでも献木などで、三・七ヘクタールの社叢がつくられた。ここの森林造成については滋賀植物同好会編『近江の鎮守の森』（二〇〇〇年）に詳しいが、植栽本数は成木三四五五本、株もの一六二二株、苗木一万五五五本、動員された人数は七万一〇七六人であったとされる。

献木でもっとも多かったのがスギ・ヒノキで、七二〇〇本が植栽されたとされるが、二〇年後の一九六〇年には一五〇〇本、滋賀植物同好会の最近の調査（二〇〇〇年）ではスギ・ヒノキはわずか八〇本しかなく、全体としてカシ類を主とする照葉樹林に移行しているとされる。それでもクチマガリマイマイ、オオケマイマイなどの陸生貝類、アオバセセリ、オオゴキブリなど森林性の昆虫が確認され、ニホンリスやキツネも生息するという。

京都・平安神宮は平安京創始の桓武天皇を祀り、平安遷都一一〇〇年記念として明治二八年（一八九五）

に創建され、二〇〇〇年に孝明天皇を合祀した。神社後背地に神苑が造成されているが、琵琶湖疏水を引き入れるなどで清流や池をつくった。ここには都市部では絶滅したイチモンジタナゴなどの魚類や貴重な水生昆虫の生息が確認されるなど、自然度の高い社叢になっている。大きなムクノキ、エノキなどがあるが、これはもともとこの地にあった聖護院の森の一部を取り込んだのであろう。

献木による社叢の造成は神武天皇を祭神とする宮崎神宮で紀元二六〇〇年に、また静岡県護国神社、奈良県護国神社などでも同時期に造成されたようである。

これらの記念事業は国家神道の時代で、全国各地からの献木と勤労奉仕で造成されたのである。全国からの献木という方法であったが、社叢の造成は評価できるものではあろう。しかし、現在では、同一樹種でも植物は地方ごとでそれぞれちがう遺伝子をもっていることが確認され、それぞれの地域の植物を大事にし、交雑を避けることが推奨されている。今後このような社叢の造成にあたってはこのことに留意する必要があろう。

献木には願い・祈りが込められている

森と林の定義からすれば、明治神宮の社叢は全国からの献木で造成されたもの、人が植えられたものだから、それは人工林の範疇にあり、「明治神宮の林」だと述べ、また生物種はそれぞれの地域ごとにちがった遺伝子をもっていることが確認された今、このような植栽は地元種との交雑をおこすことの危惧から、生態学的にはこのような方法での社叢の造成はしない方がいいだろうと述べた。

しかし、このことを断言するには私自身、少し躊躇がある。すなわち、社寺への献木はそれぞれ一本ごとに願い・祈りが込められ植えられたものであるということだ。社寺にある注連縄の巻かれた献木を見るにつけ、その願い・思いが感じられる。明治神宮の場合も約一〇万本とされる献木それぞれに願い・祈りが込められているということになる。そのことを私自身無視できないのである。

献木には願い・祈りが籠もっていることがよくわかっているだけに、明治神宮の社叢の造成に否定的な見解がとれないのである。この森に魑魅魍魎《ちみもうりょう》は感じないものの、献木した人々の願い・祈りは感じる。明治神宮の森は単なる社寺を守る社叢でなく、森自体が特別なところ、祈りの場所だと思いたくなる。

しかし、その祈りの場所が、生物多様性を無視しているといわれることにはやはり耳を傾ける必要はあろう。祈り・願いを託した樹木を、たとえば、その社寺にある樹木の種子から育てた苗木にする、あるいは社寺周辺にある樹木の苗木を植えるといったことにすれば大きな問題にはならないだろう。献木にはほかにはない珍しい樹木を植えることがよく行われる。たとえば、京都でも下鴨神社にミヤマガンショウ、金戒光明寺にシマモクセイ、真如堂にハナノキ、モクゲンジ、オオモクゲンジ、伏見稲荷大社にヒメシャラ、ヒトツバタゴなどが植えられている。これらの実生が広がっていく気配はないようだが、ナンキンハゼ、ニセアカシア（ハリエンジュ）などの外国産樹種や国内産樹種でも異常に繁殖するものなどは避けた方がいい。

社叢は単なる植物園ではない、また社寺を守るだけでなく、そこに植えられる樹木自体が献木として祈り・願いが込められている。明治神宮の森がそうである。この森、どう扱ったらいいのだろうか、大きな課題が残されている。

四　環境保全林

鎮守の森を模範とする

工業地帯、コンビナートなどにある大きな工場の周囲の緑化・自然環境回復に始まり、現在ではニュータウン、大きな商業施設、公共施設や高速道路沿いにタブノキ、スダジイ、シラカシ、アラカシ、ウラジロガシ、モチノキ、ホルトノキなどの常緑樹を主に、多種類の樹木の苗木を植える環境保全林と呼ばれるものが各地に造成されている。海岸近くなど土地自体が埋め立てなどで造成されたところも多いようだ。新しく森林を造成するもので、その手本とされているものが「鎮守の森」、その地域にある社叢だとされる。殺風景な工業地帯・コンビナートに大きな緑のベルトが広がることは大気中の煤煙の吸着、ヒートアイランドの緩和などで環境を守ることにも貢献している（原田洋・矢ヶ崎朋樹『環境を守る森をつくる』海青社、二〇一六年、原田洋・石川孝之『環境保全林』東海大学出版会、二〇一四年）。

この環境保全林は「鎮守の森」を模範とするといわれ、そのことには敬意をもっているのだが、その林内に入って枝のないすらっとした常緑樹が密に並ぶさまを見ると、もうちょっと林相に変化をもたせてもいいのではと思う。環境保全林の林内はまっ暗である。以前、大阪湾沿いの企業が造成したこんな環境保全林を案内したら、こんなに暗いところ、蚊と幽霊しかいないといわれたが、共感するところはあった。

一般的な社叢では上層に、それも西日本ならケヤキ、エノキ、クスノキ、シイ・カシ類など高木、中層にネズミモチ、ヤブニッケイ、ヤブツバキ、そして下層にはアオキ、ヤツデなどで層状構造をしているが、環境保全林では高木のスダジイ、シラカシ、アラカシが高密度で並ぶだけだ。先端に葉がついているだけ、途中には枝もでていない。林内は暗く、稚樹はほとんど生えていない。

冬でも葉を落さない常緑樹、郷土樹種での造成にはそれなりの意義を認めるが、その一部には、たとえばコナラ、エゴノキ、エノキなどの落葉樹林が混じっていてもいいのではないだろうか。これなら林床にも多様な草本が生育できる。カンアオイなどが生育できれば、幼虫がこの葉を食べるきれいなギフチョウも発生するかも知れない。

先に述べた明治神宮、橿原神宮、近江神宮、平安神宮などでの社叢造成と環境保全林の造成は同じだともいわれるが、たとえば明治神宮には一〇〇年の計画があった。針葉樹、常緑広葉樹、落葉広葉樹、さらにはツツジやアジサイなどの低木、あるいはマンサクやマンリョウなどの瑞祥植物も献木された。多様な樹木が混植されたのである。環境保全林が限られた常緑広葉樹だけを植え、二〇年での早い緑化を目指すのとは大きくちがうともいえよう。もとより、そこには神社がない、神はいないのだから、鎮守の森ではない。

社寺への献木、東日本大震災の被災地での社叢の復旧についても、現在では同一種でもそれぞれの地域で遺伝特性がちがうことを考慮し、それらの交雑を避けるため、その地域の樹木の植栽が奨められている。明治神宮の造成では当時このことは無視されていた。現在進められている環境保全林造成あるいは東日本大震災被災地復旧では大量の苗木が必要である。期限内でのその調達の必要から広く全国から苗木が集められているようである。植物の遺伝特性のちがいが無視されているようだ。このことにはやはり留意する必要がある。

社寺に植えられる樹木

一　神事・仏事に使われる樹木

サカキ（榊・真榊）

神社では神事、寺院では仏事などの行事に使われる、あるいは神・仏に関係する樹木が植えられ、また大切にされている。神社には神事の玉串として捧げたり、修祓《しゅばつ》などに使われるサカキ（榊）（*Cleyera japonica*）（ツバキ科）が境内に植えられていることが多い。玉串は神前で、神職や参拝者が神に向かって差し出すものである。これは多くの方が経験されているだろう。

サカキ（榊）とは、もともと「栄木」あるいは「境の木」、すなわち結界を示すものだとされ、特定の樹木を指すものでなく、広く常緑広葉樹を「常磐木《ときわぎ》」、「賢木」と称したようだ。現在のように特定の樹木サカキになったのは平安時代以降だとされる。榊は和字（国字）である。特定の樹種としてサカキに定着するのは、虫がつかないことも一つの理由だろう。この葉に虫の食べた痕が残っているのを見たことがない。京都・下鴨神社の有名な「連理の榊」も樹木自体はサカキでなくシリブカガシである。これもめでたい「栄木」だとして、「榊」としているのであろう。石見神楽では八俣の大蛇は頭と尻っぽに、これを退治する素戔嗚尊も冠にサカキをつけていた。神事にサカキは必須のものである。

京都七福神の福禄寿神を祀る赤山禅院ではお御籤《みくじ》は小さな福禄寿像に入った姿御籤であるが、よくない運勢がでた場合、サカキに結ぶようにといっていた。サカキが逆さ木・逆木となり、悪運を幸運に逆さにしてくれるというのである。サカキにこんな解釈があったが、それでもサカキが選ばれるにはそれだけの理由があろう。

ひもろぎ（神籬）とは古来、巨木の周囲を注連縄で囲い、ここに神が降臨するとされるものであったが、現在では地鎮祭などの祭礼に際し、八脚台の中央にサカキを立て、紙垂《しで》や木綿《ゆう》をとりつけたものとされる。大麻とは伊勢神宮のお札（神符）、天照皇大神宮と書かれた神の形式《かたしろ》で、神宮大麻《じんぐうたいま(おおぬさ)》を神棚の前面にその他の神社のお札をその後ろにおき、両側にサカキを飾る。大麻とはもともと繊維をとる麻のことであったが、現在ではマリファナの原料となる成分カンアビジオールが生成されない品種のみが栽培可能となっている。

サカキ

京都・松尾大社の鳥居の上に注連縄が張られ、それにサカキの小枝を束ねたものがたくさんぶら下がっている。これを脇勧請《わきかんじょう》と呼び、例年は一二束、閏年《うるうどし》には一三束をぶら下げる。一年に一回、お正月に掛け替えるだけだ。伏見稲荷大社の四月の神幸祭のまえ、初巳の菜花祭りでは紙垂のついたサカキを「忌刺《いみざし》榊《さかき》」と呼び、御旅所や氏子区域の境界に挿し、それがそのまま次の年までおかれ、風雪に耐える。神威が一年間保つようだ。

神事・例祭が毎日のように続く伊勢神宮では大量のサカキが必要である。そのために専用のサカキ園をもっている。ところが、京都・新日吉神宮を訪れたとき、サカキの葉の色がやや黒く、どれもかたちが同じなので不思議に思って近寄って見ると、なんとこれがプラスチック製だった。神様も苦笑されているだろう。ここにはシイ、ツバキなどの常緑広葉樹がある。この葉でもいいのではと思った。なお、神具店で売られている神棚用のサカキも当然プラスチックだった。

プラスチックのサカキ

　サカキは照葉樹林の中高木、その分布は本州では関東地方以南、四国、九州、済州島（韓国）、台湾、中国である。サカキの分布しないところでは、サカキの代わりに何を神事に使っているのだろう。『神社と御神木・社叢』（笹生衛著、二〇一二年）は御神木とともに、神籬《ひもろぎ》、大麻、玉串に使われる樹木について、全国の神社を対象にこれらにどんな樹木が使われるのか、アンケート調査をしたものだ。

　一般の方にもなじみのある玉串は普通サカキであるが、関東地方以北にはこのサカキが自然分布しない。祭礼・神事に使われる樹木・榊も地域ごとで大きくちがうはずである。この『神社と御神木・社叢』によれば、全国で玉串には三六種もの樹木が使われているという。もっとも多いのは、もちろんサカキだが、サカキより北にまで分布するヒサカキがこれに次ぐ。サカキの自生しない北海道ではイチイ、山梨ではヒノキ・サワラ、青森ではヒバ・アスナロが玉串に使われ、沖縄ではイスノキやガジュマルが使われるようだ。沖縄・那覇の牧志市場ではイヌマキとホルトノキが売られていた。これらも神事に使われるのであろう。
私自身訪れた諏訪大社では玉串はソヨゴであったし、長野県長和町の小さな神社でもソヨゴが使われていた。ここではソヨゴをサカキだとさえいっていた。八幡市・石清水八幡宮ではオガタマノキ、奈良・吉野水分神社ではアセビだった。大阪・住江大社の卯之葉神事ではウツギの玉串を捧げる。

サカキ以外の樹種が使われるのは、もちろん、サカキが自生、植栽されていないことが理由であるが、その代わりの樹種を用いる理由として、常緑樹である、境内・周囲に自生する、葉や枝の形状が祭祀に用いるのに適しているといったことが挙げられている。サカキがないので、イチイ、ヒノキ、ヒバなどが使われるといったが、スーパーでは中国産サカキが売られている。もう、どこでもサカキが手に入るということだ。プラスチックでなく、中国産だが本物のサカキが簡単に手に入るのである。神様はどちらをお望みなのだろう。

ソヨゴ

サカキ一つにも長い歴史、地域ごとの特徴がある。神事の際、何が玉串に使われているか注意していただこう。

シキミ（樒・梻）

一方、寺院では仏事に使う別名ハナノキの名をもつシキミ（樒・梻）（*Illicium anisatum*）（シキミ科）、あるいはこれに代わるヒサカキが植えられる。シキミは常緑の中低木、花は三月に開花、淡黄色の披針形で、果実は八角で、有毒物質アニサチンを含む。和名にシキミは果実が有毒なので「悪しき実」からとされる。木偏に佛と書く梻は国字（和字）で、この生枝をもっぱら仏事に用いる。土葬時代、墓地のまわりにけものが嫌うこのシキミを植え、獣害を避けたとされる。

京都・愛宕山《あたごやま》の七月三一日の千日詣りでは山頂の愛宕神社で火除けの護符「火廼要慎《ひのようじん》」と、神花として、サカキでなくシキミが授与される。ここは明治まで白雲寺という寺院で、たくさんの宿坊があった。ここにあった勝軍地蔵が愛宕大権現となったのである。織田信長を襲撃する明智光秀も、その戦勝を願ってここに登ったのである。

ここで授けられるシキミを神棚やかまど（竈）に供える。かまどに火をおこしたとき、シキミの葉を一枚入れると火事にならないとされる。神仏習合のなごりが残る興味深い事例である。しかし、かまどをもっている家庭はもう少ない。

シキミは鑑真和上が天竺から請来したとされているようだが、本州（宮城・石川以西）、四国、九州、沖縄、済州島、中国に分布するものである。スーパーではサカキと同様に、中国産のシキミが売

シキミ

られている。

サカキがもうプラスチックだったといったが、大津・石山寺では仏像の前の花立てにはプラクチックのシキミが挿されていた。サカキよりよくできていると思ったが、仏様も苦笑されているだろう。関西ではシキミ代わりにヒサカキを使うところも多いようだ。奄美大島では神事にヒサカキを用いる。ヒサカキは神事・仏事の双方に使われている。

二　神仏にゆかりの樹木

ナギ（梛・椰・竹柏）(*Podocarpus nagi*)（マキ科）は熊野神社系では航海の神として海が「凪ぐ」にかけ、これを神木とし、船の進水式で神棚に祀られる船魂様にはサカキに代えこのナギを捧げる。葉は細長い楕円形で厚みがあり、細い平行脈がある。この葉はねじれば簡単に切れるが、縦方向に引っ張ると切れない。力自慢の弁慶も切れないのでくやしがって泣いたとされ、ベンケイナカセの異名もある。和歌山県新宮《しんぐう》市・熊野速玉大社には神木の大きなナギがあり、新宮市内の街路樹もナギだ。遠路の熊野詣がたいへんなので、後白河法皇が京都に勧請した新熊野《いまくまの》神社では玉串

オガタマノキ（伏見稲荷大社本殿前）

がナギなのだが、これもプラスチックだった。

オガタマノキ（招霊樹）（*Michelia compressa*）（モクレン科）はおきたま（招霊・招魂）を語源とし、神代榊の別名もある。春早く小さな白い花が咲くが、モクレン科だけにいい香りがする。南方系の樹木で、本州（関東以西）、四国、九州、沖縄の海岸近くに分布する。また、神木として神社境内に植えられる。石清水八幡宮では玉串がオガタマノキであった。

この果実（袋果）を乾燥させ、振ると鈴のような音がする。巫女が手にもつ鈴の原型がこのオガタマノキだともされる。この他、ヒイラギ、トウオガタマ（カラタネオガタマ）、ユズリハ、コヤスノキなども神事に関係するものとして植えられる。マツ、ウメ、タチバナ、カヤ、カツラ、ナンテン、ザクロなども、めでたい樹木、社寺由来の樹木として大事にされる。

一方、寺院には釈迦ゆかりの樹木としてシナボダイジュ（ボダイジュ）（支那菩提樹）（シナノキ科）（*Tilia miqueliana*）、ナツツバキ（サラノキ・サラソウジュ）（夏椿・沙羅・沙羅双樹）（*Steartia pseudo-camellia*）（ツバキ科）、タラヨウ（多羅葉）（*Ilex latifolia*）（モチノキ科）が植えられている。釈迦が悟りをひらかれたのがインドボダイジュ（菩提樹）（*Ficus religiosa*）（クワ科）の下であることはよく知られているが、これは

インドボダイジュ
（ミャンマー・ヤンゴン）

イチジクの仲間である。東南アジアには各地にインドボダイジュの大木があり、聖木として黄色い布が巻かれている。

日本の寺院に菩提樹として植えられているのは、これとはまったく別種の中国原産のシナノキ科のシナボダイジュである。日本にもこの仲間にはシナノキ、オオバボダイジュなど数種ある。和名をオオバシナノキとしないでオオバボダイジュとしたことも混乱を広げている。これらシナノキの葉のかたちはハート型でインドボダイジュにちょっと似ている。このことでシナボダイジュが菩提樹として日本へ持って来られたらしい。中国のものがボダイジュで釈迦ゆかりのボダイジュがインドのボダイジュと呼ばれてはちょっとかわいそうだ。それはともかく、インドボダイジュは野外では冬越しできないと思われているが、関西でも西宮・鳴尾の兵庫医大構内には大きなものがあるし、大阪天王寺区上本町の正祐寺《しょうゆうじ》にもある。京都・興正寺にあったものはどうも枯れたようだ。

また、釈迦入滅の沙羅双樹はインド・ネパール・ミャンマーなどヒマラヤ山脈東側に分布するフタバガキ科のサラノキ（*Shorea robusta*）のことなのだが、この地域には普通に見られる樹木である。インドやネパールではこの葉を編んで、お皿やお椀のようにして使っている。これが京都山科《やましな》の日本新薬薬用植物園では戸外で生育しているが、冬にはビニールシートで保護している。日本ではツバキ科のナツツバキが沙羅・沙羅双樹とされ、多くの寺院に植えられている。京都・妙心寺東林院では沙羅を愛でる会が催される。

仏典・お経のことを、貝多羅《ばいたら》経という。初期の仏教経典は南アジアに分布するタラパヤシ（*Corypha*

サラノキ林（インド・ビハール州）

utan）・パルミラヤシ（ウチワヤシ）（*Borassus flabellifer*）などヤシの未展開の葉に鉄筆で経典を書き、これに墨入れしたものであった。未展開の葉は折りたたまれていて、つながっている。現在でも仏教経典が折りたたまれている理由である。しかし、日本のタラヨウ（多羅葉）はモチノキ科の樹木で、ヤシ類とは類縁関係は遠いのだが、この葉に傷をつけると字が浮かんでくる。このためハガキノキとされ、郵便局の前に鉢植えがある。置いてあるのを見られた方も多いだろう。日本のタラヨウと貝多羅経とは直接関係はないはずだが、貝多羅経にあやかってよく寺院に植えられている。

サカキやオガタマノキは神社に、タラヨウやナツツバキは寺院にあるといったが、サカキ・オガタマノキが寺院に、タラヨウが神社にあるといったことも多い。京都・下鴨神社でもっとも重要な儀式の一つ、葵祭の斎王代の禊《みそぎ》の儀なども、このタラヨウの木の下で行われる。長い神仏習合の歴史があったのだから、不思議なことではないようだ。

京都・下鴨神社のタラヨウ

イチョウ（銀杏・公孫樹・鴨脚）（*Ginkgo biloba*）（イチョウ科）はとくに仏教と直接関係ないと思われるのだが、寺院境内に植えられていることが多い。また、社寺にクロガネモチ、サンゴジュがよく植えられているが、これらは水分を多く含み、燃えにくいとされる防火樹である。京都・西本願寺御影堂前の「逆さ銀杏（水噴き銀杏）」は天明八年（一七八八）と元治元年（一八六四）の大火の際、このイチョウが水を噴き類焼を免れたとか、本能寺の「火伏せ銀杏」はこれも天明の大火の際、水を噴きだし、この木の下に身を寄せた人々を救ったとされる。イチョウにはこのような防火伝説が多い。京都・浄福寺護法大権現のクロガネモチは天明の大火の際、鞍馬の天狗が舞い降りてきて、この木の上で大きな団扇で扇ぎ、迫ってくる火を門前で鎮火させたという。樹木が社寺を火事から守った伝説がいくつもある。市内にある社叢が防火帯となったことも事実で、社叢はその効果を十分もっている。

三　神木（霊木）

注連縄を巻かれ、大切にされてきた社寺の巨樹・巨木

巨樹・巨木の多くは社寺にあり、それらには注連縄が巻かれ、神木（霊木）とされ、大切にされてきた。全国の社寺にあるそれらご神木（霊木）について調べたいと思ったが、広い範囲でとても回りきれない。そんなとき、神社本庁と國學院大学が神社本庁被包括神社（約七万九〇〇〇社）を対象にご神木の調査をしていることを知った（笹生衛『神社と御神木・社叢』二〇一二年）。

神社七万九〇〇〇社にご神木があるかないか、神社と深い関わりのある樹木（御縁木）、または巨木があるか、さらには神籬《ひもろぎ》、大麻、玉串に使用する樹木をアンケートで答えてもらったものだ。巨樹・巨木でなく、注連縄を巻かれた神木についての調査である。回答数は二一三五社だったとされるので、ご神木、樹木、あるいは社叢のない神社もけっこう多いことが想像できる。

ご神木があると回答した神社は一〇二八社、神木があるのに回答しない神社は少ないだろうから、ある神社はほぼ回答していよう。ご神木でもっとも多いのがスギ、次いでクスノキ、ケヤキ、ヒノキ、シイなどとなり、樹種は六八種にも及び、社叢全体がご神木だとする神社も五六社あったとされる。

これによれば、中部地方以北ではスギが、三重、静岡以西ではクスノキが多い。ご神木のうち国指定天然記念物が八件、都道府県指定天然記念物が六三件あるとされる。これらご神木の由緒・霊威なども報告させているが、孕み杉、夫婦銀杏など通称のあるもの一〇七例、神社の歴史に登場するもの九七例、落雷から社殿を守ったなどの由緒のあるもの九〇例、歴史上の人物が植栽したもの九〇例、夫婦和合・子宝授け・夜泣き防止などの願いがかなうもの五九例、その他、町名になっている、さらには、近くの小学校の校歌に登場するといったさまざまな由緒が報告されている。

神木「大杉さん」（鞍馬・由岐神社）

諏訪大社では四社すべての神木が大きなケヤキであった。その大きさ、凸凹に膨らんだ根元の様子は神木にふさわしいものだった。京都では上賀茂神社にスダジイ、新日吉神社や下鴨神社にコジイ、京北白山神社にツクバネガシ、貴船神社、鞍馬由岐神社、大豊神社などにスギ、北白川天神宮にヒノキ、下鴨神社河合神社にイチョウ、元《もと》祇《ぎ》園《おん》梛《なぎ》神社にナギが神木としてある。神木は神社だけとは限らず寺院にもあり、寺院でも「神木」とされている。京都・本能寺のイチョウ、大悲山峰《ぶ》定《じょう》寺のスギ、大津・石山寺のスギなどである。

クスノキ（楠・樟）

西日本で神木とされ、大木になるのはクスノキだが、これは寸胴で、幹も通直ではないし、樹形もかなり異様である。その異様さが人々に畏怖を与え、神木とされるのだろう。有名な安芸の宮島厳島神社の海の中に立つ鳥居はこのクスノキである。

樹木に詳しくない人でもクスノキ（楠・樟）（*Cinnamomum camphora*）（クスノキ科）は知っておられよう。常緑の高木で枝を大きく張り出し、大きな樹冠を形成する。葉は三脈がはっきりした三交脈、葉にも芳香がある。病虫害も少ないことから、社寺に、また街路樹としても植栽される。自然分布は本州（関東以西）、四国、九州、済州島（韓国）、中国南部、ベトナムとされる。四～五月、古い葉を一斉に落し、衣替えする。一一月頃、直径八ミリくらいの黒い実をたくさんつける。おいしそうには見えないがヒヨドリがついばみにやってくる。クスノキのある社叢ではいつもヒヨドリがやかましく騒いでいる。

材にはカンフルやサフロールなどの精油を含み、いいにおいがする。材から樟脳をとりだし防虫剤とし、さらに精製したものがカンフルで、強心剤として利用したほか、セルロイドの原料にもなった。この樟脳生産目的で各地にクスノキが植えられた。現在ではこれらは化学合成できるので、植林することはほとんどない。アオスジアゲハの幼虫がクスノキの葉を食べ、時に大きな蛾の幼虫、シラガタロウ（白髪太郎）と呼ばれるクスサン（樟蚕）が発生することがあるが、害虫は少ない樹木の一つである。関西では中国原産とされるクスベニヒラタカメムシによって夏に落葉する被害が発生している。社叢では要注意の害虫である。材は奈良一刀彫、仏像彫刻材、家具に使われる。

神社で神木として注連縄が張られ、紙垂がつけられている木は西日本ではクスノキ、東日本ではスギが多いことを述べた。実際、宇佐八幡宮、那智大社、伊勢神宮、太宰府天満宮、宇美八幡宮、大山祇《おおやまずみ》神社、武雄神社、熱田神宮、伊弉諾《いざなぎ》神宮、住吉大社、善通寺などに、ご神木とされる大きいクスノキがある。これらは私自身で見た。クスノキが大木になることがよくわかる。それだけに多くの神社でクスノキが神木とされている。巨樹・巨木で述べたように巨樹の一〇位まではエドヒガン一本を除きすべてクスノキである。

京都でも東山粟田口の青蓮院（粟田御所）の築地の上の四本のクスノキは親鸞聖人お手植え、新熊野神社（梛の宮）のクスノキは後白河法皇が平清盛に命じて熊野から運び、お手植えされたとされるものだ。西大路八条にある若一《にゃくいち》神社は仁安《にんなん》元年（一一六六）平清盛公によって造営とされ、ここに清盛お手植えというクスノキがある。伸びた枝が道路の中央分離帯の上まで張り出している。西大路通りはここで大きくカーブする。これを伐れなかったのも、清盛のご威光だろう。八幡市・石清水八幡宮には楠正成お手植えのクスノキがある。

奈良・春日大社若宮に「千歳楠」とか「春日の大楠」と呼ばれる大きなクスノキがあり、神功皇后のお手植えで、樹齢は一七〇〇年以上とされている。この近く、奈良公園の飛火野に数本のクスノキの大木がかたまっている。この木を樹齢数百年といっても信じてもらえよう。実は、ここに明治天皇御座所との碑がある。明治四一年（一九〇八）一一月一四日の陸軍大演習の際にお手植えされたもので、樹齢は正確には一一〇年プラス数年ということになる。クスノキの生育は案外早いのである。新宮の熊野速玉大社では神木のナギ、熱海・木宮神社ではクスノキ、新潟・弥彦神社ではシイ、桜井・大神神社ではスギの苗木を売っている。いずれも境内の神木の種子からつくられた苗木である。

原生林にないクスノキ

魏志倭人伝（三国志魏書東夷伝倭人条）に記載される「杼樟」がクスノキであろうとされ、日本書記では須佐之男命が眉毛を抜いて吹くとクスノキになったとされるように、古くからクスノキについての記述があり、日本人との関わりは古いと思われる。ところが、植生学者はクスノキを日本に自生しなかった、大陸からの移入種ではないかと疑っているようである。照葉樹原生林にクスノキがでてこないからというのが理由である（原田洋・石川孝之『環境保全林』東海大学出版会、二〇一四年）。

実際、私自身訪れたことのある長崎県対馬・龍良山《たてらやま》、奈良・春日山、宮崎・綾、屋久島の原生林などでクスノキを見ていない。照葉樹林をシイ・カシ林といって、シイ・クスノキ林といわないことも確かだ。照葉樹林ではクスノキが優占種でないのである。

福岡県東部の新宮町に「立花山クスノキ原生林」（国指定特別天然記念物）があるが、これを自生だとし、クスノキの北限地としているものもあるし（樹木養生会議編『巨大クスノキの研究』大宰府顕彰会、二〇〇一年）、これは江戸時代に植栽され、御留山《おとめやま》として伐採が禁止されてきたものだとしていることもある（福岡県の野生生物　二〇〇一年）。伊勢神宮の神路山にもクスノキ原生林とされるところがあった。確かに、クスノキは人里に近い人の出入りのあるところにあるようだ。しかし、滋賀県高島市朽木の興聖寺にはクスノキの化石とされるものがあるし、飛鳥時代の仏像はクスノキで作られていたとされるし、兵庫県で弥生時代の遺跡からクスノキの大木が発掘されたニュースもあるので、私自身はクスノキはやはり自生していたのではと思っている。

スギ（杉・椙）

スギ（*Cryptomeria japonica*）（杉・椙）（スギ科）は日本では青森から屋久島まで広く分布し、また人工植栽される常緑の針葉樹で、日本を代表する樹木である。幹は通直で材質もよく、語源はまっすぐ（直木）だからスギ、よく上に伸びる進木でスギといった説がある。スギに椙という国字もある。

古事記では素戔嗚尊が退治した八俣の大蛇は身一つに頭八つ、尾八つで、その上にコケ、ヒノキ、スギが生えていたとされるし、日本書記では須佐之男命が顎髭を抜くとスギ、胸毛を抜くとヒノキ、眉毛を抜くとクスノキ、尻の毛を抜くとマキになり、スギとクスノキは造船に、ヒノキは社殿に、マキは棺桶に利用するようにと用途を示された。どれも木造建築物、家具、桶・樽など日本文化を支えた樹木である。樹木のそれぞれの特性を知り、それに合った用途を考えるということである。適材適所のことばの起源もここまでさかのぼるとされる。とくに日本酒造りの酒樽はスギであった。スギが広く分布し、その有用性が知られていたことがわかる。それだけに各地に有名林業地があるが、現在は木造建築の減少できびしい林業不況下にある。また、花粉症の原因とされ、スギの造林に批判も寄せられている。

大きさでは屋久島の縄文杉が周囲一六・一メートルで第一位、新潟県三川村岩屋の将軍杉が第二位、高知県大豊町八坂神社の大杉が第三位で、この大豊町の「杉の大杉」と呼ばれる大木は素戔嗚尊の植栽とされ、南大杉（周囲二〇メートル、樹高六〇メートル）と北大杉（周囲一六・五メートル、樹高五六メートル）の二本が根元で合着するので夫婦杉の名ももち、推定樹齢三〇〇〇年とされている。すぐ近くまで寄ることができるので、その大きさが実感できる。

この大豊町の大杉のそばに「大杉の苑」という小さな公園があり、美空ひばりの「幼き日大杉に誓いし夢　大輪の花となり　ひばりの唄は永遠に眠らじ」という遺影碑があるのをご存じだろうか。ひばり九歳のとき地方巡業で高知へ来たが、この付近でバス転落事故に会い、九死に一生を得た。ここにある大杉のおかげで助かったと、この神社へお礼に来たのである。

『口遊《くちずさみ(すさび)》』とは平安時代、天禄元年（九七〇）にだされた貴族の若者のための教科書であるが、この中に大きな建築物の順位として「雲太、和二、京三」というのがある。一位が出雲国城（杵）築明神（出雲大社）、第二位が東大寺大仏殿、第三位が平安京大極殿だとするものである。つい最近発見された出雲大社の宇豆《うづ》柱はスギの巨木三本を鉄の輪で縛ったもので、その直径は二・七メートルにもなるという。出雲大社が巨大であったことは確かだ。ヒノキの方が強いのに、手に入らなかったので、スギを使ったのだろうか。

スギは実は中国にもある。中国南部にあるこのスギ（カワイスギ・シナスギ）（漢名：柳杉）（*C. japonica var. sinensis*、*C. fortunei*）を日本のスギとは別種とする説と同種だがその変種とする説がある。変種だとすると、スギは日本特産種でなく、中国と日本に分布するということになる。中国南部にはこのスギの大きな造林地もある。

京都・伏見稲荷大社では稲荷祭や初午《はつうま》大祭に「稲荷山の験杉《しるしすぎ》」として赤い御幣をつけたスギの小枝が参拝者に授与され、稲荷祭（神幸祭）では神職の冠や烏帽子にスギの小枝が飾られる。トラックで運ばれる神輿の四隅にもスギが立てられる。京都・八坂神社の祇園祭では山鉾巡行の先頭を進む長刀鉾《なぎなた》に乗る稚児は巡行の前の社参の儀で白馬にまたがって八坂神社に参拝し、ご神木のスギの葉を白い紙で包んだ「杉守」を授かる。これで神とヒトの間を取り持つ神の使いになるという。

桜井市・大神神社では毎月一日の月例祭りにはこの日にだけ「三輪の神杉（お祓いの杉）」が授与され

る。ここには神木とされる「巳の神杉」があり、大物主大神の化身である白蛇が住むとされ、いつもたくさんの生玉子とお神酒が供えられている。大木のスギはそれだけ特殊なパワーをもっているとされ、伝承・伝説が多く残されている。

神木としてのスギでは、すでに述べた高知県大豊町八坂神社の夫婦杉、山梨県河口湖町河口浅間《あさま》神社の七本杉、富士宮市北口本宮富士浅間《せんげん》神社の太郎杉などが大きい。

ヒノキ（桧・檜）

ヒノキ（*Chamaecyparis obtusa*）（ヒノキ科）は常緑の針葉樹高木、幹は通直、材は木目もきれいで芳香がある。スギにくらべ生長が遅いため、年輪が詰まり、強度・耐久力はスギに勝る。樹皮も桧皮葺《ひわだぶき》として利用される。語源は「火の木」、この木をこすりあわせ火を起こしたとか、葉を火にくべると勢いよく燃えるからとされる。各神社で行われるお火焚き祭りには火焚串を、寺院の大護摩供養では護摩木を燃やすが、火の勢いとともに、もくもくと立ち上がる煙が大事だ。そのためヒノキの葉がくべられる。

耐久力の勝るヒノキが五重塔の芯柱（真柱・心柱）やお城の天守閣など大きな建築物には必要であった。とくに、五重塔の芯柱は塔の中心を貫通し、地震の揺れにも制振の役割をはたすとされ、強度がある本種の大木を探した。

大護摩供養で燃やされるヒノキ
（京都・聖護院）

現存する五重塔でもっとも高いものは京都・東寺（教王護国寺）の五重塔で、それも五代目だというが、寛永二一年（一六四四）の造営で高さ五四・八メートル、次いで奈良・興福寺の五重塔が応永三三年（一四二六）の完成、高さ五〇・八メートルとされている。現存はしないが、奈良・東大寺の七重塔の初代のものは七八〇年代の創建でその高さ一〇〇メートルあったとか、京都・法勝寺の八角九重塔は高さ八〇メートル、奈良・元興寺の五重塔は七二・七メートルもあったという。これらの芯柱には強度があり通直で大きなヒノキが必要であった。

平重衡による東大寺大仏殿の焼き討ち（治承四年、一一八〇）のあと、その再建にあたった重源上人はヒノキの大木を周防国（山口県）佐波川《さばがわ》流域から伐りだし、瀬戸内海経由で奈良まで運んだとされる。これらヒノキの大木が当時は国内で調達できたということである。

寺院の五重塔以外にも、姫路城天守、日光東照宮などの大黒柱などにもヒノキが使われているという。しかし、そのヒノキの大径木がもう日本にはないという。どこかに知られていない大木があるのではと思うが、情報の発達した日本では、ヒノキの大木のありかはすべて知られている。逆に、かつてはあったのだから、伐らずに育て、日本産ヒノキの芯柱をつくりたい。

ところが、台湾にはまだ大きなヒノキがある。台湾中部の阿里山《アリサン》や北部の棲蘭《チィラン》などの山岳地にあるタイワンヒノキである。実はここにはタイワンヒノキ（台湾扁柏）（*Chamaecyparis taiwanensis* = *C. obutusa* var.

タイワンヒノキ（台湾・棲蘭）

formosana）とベニヒ（紅桧）（*C. formosensis*）の二種がある。タイワンヒノキは日本のヒノキの台湾に分布する変種とされることもある。ヒノキにきわめて近縁ということだ。このヒノキ林を楼蘭へ見にいったことがあるが、スギの大木かと思うほどのヒノキの大木群であった。日本にはない光景で、その大きさにびっくりした。

ここではヒノキの大木にそれぞれ番号と個人名がつけられていた。たとえば、三五番はタイワンヒノキで関羽、四〇番はベニヒで成吉思汗《ジンギスカン》といった具合だ。六番孔子はベニヒで発芽時期は紀元前五五一年とあった。樹齢二五六九年ということだ。大木の樹齢推定はむつかしいのに、一桁までどうしてわかるのかと笑ってしまった。実は樹齢をその発芽時代の歴史上の有名人に当てはめているのである。中国の歴史に詳しい人なら、人物名で樹齢が想像できる。日本のヒノキでは木曽にあるものが、樹齢四五〇年で最高とされるので、タイワンヒノキがいかに長寿であるかがわかる。

台湾併合後、このタイワンヒノキやベニヒの大木が日本の社寺建築に大量に輸入された。薬師寺西塔の芯柱、明治神宮の鳥居、靖国神社の神門などがそうだ。明治神宮の現在の鳥居は昭和五〇年に再建されたもので、直径一・二メートル、高さ一二メートル、一五〇〇年生のタイワンヒノキである。しかし、現在は台湾でも資源保護の視点から、これらタイワンヒノキやベニヒの輸出を禁止している。そこで眼をつけられたのが、中国南部からインドシナ半島に分布するラオスヒノキ（フッケンヒバ）（*Fokienia hodginsii*）である。現在は、これが輸入されている。

日本の三大美林とは、青森のヒバ（アスナロ・ヒノキアスナロ・アテ）、秋田のスギ、木曽のヒノキである。誰が、いつ、そう決めたのか調べてみたがわからなかった。ところが、高知県魚梁瀬の千本山のスギを見にいったとき、ここに三大美林とあるのを知った。なぜと思って調べてみると、人工林の三大美林として天竜スギ、尾鷲ヒノキ、吉野スギが、スギの三大美林として秋田スギ、吉野スギ、魚梁瀬スギが選ばれていた。魚梁瀬はスギの三大美林の一つで「スギの」が省略されていたのである。

コウヤマキ（高野槇）

コウヤマキ（*Sciadopitys verticullata*）（コウヤマキ科）の化石はヨーロッパ、北アメリカなどで発見されているが、現存するのは日本だけ、一科一属一種の珍しい樹木で、ホンマキ、マキ、クサマキなどと呼ばれる。古語にいう槇とはマキ科のイヌマキ（マキ）のことでなく、このコウヤマキを指すようだ。紀州・高野山に多いことからこの名がついた。常緑の針葉樹高木で、高さ三〇～四〇メートル、直径一メートルになる。樹皮は赤褐色で繊維状に長く剥離する。短枝に輪状に二つの針葉が癒着した葉がつく。材は耐水性に優れているので、風呂桶、流し板など水回りのものに利用し、樹皮も槇肌《まいはだ》と呼ばれ、船や樋の継ぎ目に詰めて水漏れを防ぐのに使ったという。

分布は本州（福島・新潟、木曽・南アルプス、紀伊半島・大塔山）、四国（魚梁瀬、四万十川・不入山《いらずやま》）、九州（宮崎椎葉）などに隔離分布するとされてきたが、最近になって島根県吉賀町や済州島でも発見されたという。木曽節にも詠われる木曽五木の一つ、また高野六木の一つである。

真言宗系寺院ではシキミに代わってこのコウヤマキが仏前に捧げられる。真言宗総本山金剛峯寺のある高野山にたくさんあることから使われるようになったのだろう。高野山ではこのコウヤマキの束がいつも売られているし、京都・東寺の毎月二一日の「弘法さん」でも売られている。日本書記では須佐之男命はこのコウヤマキを棺桶に使うよう示されているが、実際、古墳に残る棺桶にはコウヤマキが使われているそうだ。棺桶材であることから神社境内には植えないともされているが、滋賀県甲賀市甲賀総社の油日神社、桜井市談山《たんざん》神社、日光東照宮などにはコウヤマキが神木としてある。これも神仏習合だったことによろう。真言宗系に限らず、寺院にはよくコウヤマキが植えられている。天台宗の延暦寺西塔釈迦堂の前にも大きなものがある。

京都には東に鳥辺野という風葬地があり、その入口にある六道珍皇寺《ろくどうちんのうじ》は冥途への入り口とされる。ここで閻魔大王から過去の行状での裁きを受け、地獄、極楽など六道へ分かれて行った。京都では盂蘭盆会《うらぼんえ》にお迎えする先祖の霊を「お精霊《しょうらい》さん」と呼んで、お盆にはここまでお迎えに行く。六道詣りで知られたところだ。参拝者はここでコウヤマキを買い求め、水塔婆に先祖の戒名を書いて呼び出し、迎え鐘によってこの世に戻って来たお精霊をこのコウヤマキに載せて帰る。珍皇寺には書記をひかえた大きな閻魔像があり、閻魔庁にも務めていた小野篁《おののたかむら》が冥界との行き来に使ったという井戸がある。

コウヤマキ

この行事を見にいったときのこと、若い夫婦が、迎え鐘をつきながら、「お盆には、旅行にでかけて留守だから家には帰ってきても誰もいないよ」といっていた。確かにお盆休みには旅行にでかける家庭も多い。戻ってきても、誰もいない家で、ご飯もなくお盆明けを待つのだろうかと、心配になってきた。それなら、帰らずに、極楽で楽しくしている方がいい、それよりもそもそも仏壇・仏間のある家がもう少ない。お迎えに来ない家の方が多いはずだ。それはともあれ、お精霊を載せるのはコウヤマキである。

社叢と生物相

一　都市の中の緑地

ひとくちに社叢といっても、そこの植生・植物相はその地域の気象・標高・地形・方位などの自然条件、神社や寺院の規模（面積）およびその中で社叢の占める割合や配置、神社や寺院の創建年代と歴史、その後の社叢の利用・管理のちがい、そして周辺の環境・土地利用などで大きくちがう。京都・下鴨神社や宗像《むなかた》市・宗像神社などは歴史が古く、境内に古代祭祀跡まである。式内社といっている延喜式に記載されている神社で、今でも残っている神社も多い。同じ地域で、それら古い歴史をもつ神社と最近つくられた新しい神社の社叢を比較すれば、そこの生物相はその歴史のちがいを確実に反映しているはずである。それにはすでに述べた神仏判然令・上知令での面積減少や合祀・合併も大きく効いている。

滋賀植物同好会編『滋賀県の鎮守の森』（二〇〇〇年）によれば、滋賀県だけでも社叢はシイ林、タブ林、カシ林（シラカシ、ウラジロガシ、アラカシ、ツクバネガシ）、クスノキ林、モミ林、ケヤキ林、マツ林、スギ林、ヒノキ林に分けられるという。

とくに、動物相から見ると、社叢が一つだけ孤立してあるのか、周辺のほかの社叢、緑地公園、森林・

河川などのいわゆる緑地と連続しているかどうか、その面積などが大きく効いてくる。とくに、翼や翅《はね》のある鳥や昆虫はこれら緑地を伝って飛んでくる。また、社叢には神社であれば鏡池とか心字池とか呼ばれる池、御手洗の小川、寺院であればハスの花の咲く放生池や行場の滝がある。そこには魚、カエル、あるいはトンボ、アメンボなどの水生昆虫が棲み、それを狙ってサギやカワセミがやってくる。近距離ならその緑地間を行き来できるのである。

京都御苑の中にある宗像神社には三幹の大きなクスノキがある。このクスノキには毎年、南からの渡り鳥アオバズクがやってきて営巣する。ホーホーと鳴くフクロウの仲間である。このクスノキに営巣に適した樹洞があるのだ。もちろん、この小さな神社の面積だけではとても生存はできない。アオバズクの餌はこのクスノキの下に落ちる昆虫類の翅などから、クワガタムシや大きな蛾類などが主食であることが調べられている。広い京都御苑・京都御所の緑地があってその生存が許されているのだが、この小さな神社が「京都の自然200選」の一つ「アオバズク繁殖地」として指定されている。

京都御苑・宗像神社の三幹のクスノキ

京都東山・法然院の大きなムクノキにもいくつかの樹洞があり、その一つはムササビの巣穴であるが、もう一つはフクロウ、そして夏にはアオバズクがやってきて営巣するという。ムササビは草食性、フクロウはネズミなど大きな動物を食べ、アオバズクは主として昆虫食である。老木で大きさのちがういくつかの樹洞をもつこの一本のムクノキがそれぞれに住処を提供し、法然院の森（善気山《ぜんきさん》）、さらには東山山麓に続く社寺の社叢がこれらに食べものを保証してくれて、はじめて生存できるのである。

社叢の林床にはもともとそこにはなかったシュロ、アオキ、カクレミノ、ナンテン、ネズミモチ、サンゴジュ、イヌビワ、ガマズミ、ヤツデ、シャシャンボなどの稚樹が次々と生えてくる。また、エノキ、ムクノキ、クスノキなどの実生も多い。これらはヒヨドリ、ムクドリなど鳥類によって種子が運ばれて来たものである。社叢ではいつもやかましくヒヨドリやムクドリが騒いでいるが、社叢がこれら鳥類に生息場所を提供し、鳥類は社叢の植物相を豊かにし、その更新に貢献している。しかし、一方でごみ漁りのカラスの塒《ねぐら》やドバトの住処となり嫌われているところもある。

いずれにしろ、長い歴史をもち比較的大きな規模をもっている社叢の場合、そこにはいわゆる極生相の森林、原植生が保護されている。実際、貴重な植物の分布地として天然記念物に指定されたり、環境保全地域、自然公園などとして指定されているところがたくさんある。

社叢、それ自体の保護も大切であるが、もっと広域的に、その周辺の環境、すなわち河川、森林・緑地公園などとの連続性・配置を考え、さらにはこれらを含めて、いわゆる、緑の回廊（エコ・コリドーとかグリーン・ベルトとか呼ばれる）を考えたい。野鳥や昆虫はこれを伝ってやってくる。その連続性が重要なのである。

宗教的環境保全同盟（ＡＲＣ）はヒンドゥ教、キリスト教、道教、儒教、仏教、ユダヤ教、神道などの世界の各宗教が参加している団体だが、環境保護は科学の分野のことだという固定観念から脱却し、宗教団体でありながら環境の保全にも主体的に関わっていこうとしている。二〇一四年の伊勢神宮での会議では鎮守の森の存在と共同体（氏子）による神社と社叢の維持を高く評価したという（『皇室』編集部『鎮守の森が世界を救う』二〇一四年）。生物多様性条約国会議ＣＯＰ13でも「聖地のもつ生物多様性」の重要性が理解され、聖地の森の保存への世界的な取り組みが進んでいる。日本の社叢のこれまでの保護が評価され、さらに大きな目標にもなっているのである。

二　昆虫相

調べられた伊勢神宮と明治神宮

社叢といっても、たとえば伊勢神宮の神域の規模は大きく、神宮備林は五四〇〇ヘクタールにも及ぶとされる。その面積の大きいこと、古くから保全されてきたことで、鎮守の森の中でも特異な例であるが、この神域を対象に、森林はもちろん、土壌中、石灰岩洞窟、さらには檜皮葺屋根までを含めた昆虫類の総合調査が、それも多様な調査法で行われている（三重県自然科学研究会昆虫調査班編『神宮境内地昆虫調査報告書』一九八〇年）。

それによると二三六五種もの昆虫が確認され、きわめて豊富な昆虫相が保存されていること、分布上貴重な種がたくさんいることが明らかにされている。この当時、昆虫類でも、土壌生息性の小さなカマアシムシやトビムシ類の分類は進んでいなかった。これらも現在ではかなり分類ができるようになっている。再調査をすれば生息種数はもっと大きな値になるはずだ。

もう一つが、人工造成された社叢ではあるが、先に述べた東京・明治神宮の外苑・内苑の総合調査である。今回（二〇一三年）行われた鎮座百年記念の調査では種子植物、シダ植物、蘚苔《せんたい》類、子嚢菌《しのうきん》類、担子菌《たんしきん》類、変形菌類、哺乳類、鳥類、爬虫類、両生類、魚類、水生無脊椎動物、昆虫類、クモ類、非海産貝類、土壌動物の一六の生物群についてそれぞれの専門家が調査を担当し、文字通り生物相の総合調査を行った（『鎮座百年記念第二次明治神宮境内総合調査報告書』二〇一三年）。その結果、明治神宮境内に二八四〇種もの動植物の分布・生息が確認されている。

昆虫類だけでもトンボ二二種、甲虫類五六四種などを含め一二四四種、クモ類一四一種、マイマイ類二七種、土壌動物でもササラダニ五二種、トビムシ五〇種などが確認され、分布上貴重な種、さらにはいくつかの新種まで発見されている。

ここは工業団地やコンビナートの人工造成地でなく、都心にあった土地につくられた森ではある。その後の外からの侵入もあったであろうが、そこにもともとあった植物、もともといた土壌動物も森林が再生されたことで生存できたのは確かであろう。このような総合調査が行われたことは高く評価できる。

残念ながら、植物相にくらべ昆虫類、あるいはもっと小さな土壌動物の調査例はきわめて少ない。これは微小な昆虫を含めた多様な昆物相を個人で、あるいは数人で調査することは無理で、採集したとしても多くの専門家による同定を待たないといけないことによる。また、微小な昆虫類についてはまだ十分に分類ができておらず、簡単には種の同定ができないものが多い。しかし、はじめからすべての昆虫を対象とするのでなく、現時点でできるチョウ、トンボ、コガネムシ類など、できる範囲の昆虫から始め、グループをつくって調査範囲・対象を広げ、そこにある植物・植生などとの関係を調べたらいい。

おもしろい発見があるはずだし、その発見の喜びがきっとある。そのことで、その社叢の価値をより高めることになる。

三　食草・食樹と昆虫

京都・下鴨神社糺《ただす》の森はニレ科の落葉樹のムクノキ、ケヤキ、エノキに、常緑樹のクスノキの混じる森であるが、ここでは都市域では比較的珍しい蝶のゴマダラチョウ、テングチョウ、ヒオドシチョウが見られる。これらチョウ類の幼虫の食草（食樹）のエノキがたくさんあるからだ。国蝶のオオムラサキの幼虫もエノキの葉を食べるのだが、最近はこの境内では確認できないという。アゲハチョウ科のアオスジアゲハは薄い緑色の帯状斑が前翅・後翅を貫き、敏捷に飛翔し、また、時に地表に貯まった水を飲む。市街地で見られるチョウの一つだが、このチョウが多いのも、このチョウの幼虫がクスノキの葉を食べるからである。関東地方以西ならクスノキはどこの社叢にもある。

奈良・法隆寺に残されている国宝玉虫厨子《たまむしのずし》に使われているヤマトタマムシの成虫はエノキの葉を食べ、幼虫は枯れ木・倒木などで育つ。糺の森では夏には逆V字形に翅を広げてきらきらと輝きながらエノキの周辺を飛ぶヤマトタマムシを確認することができる。

この糺の森には特筆されるテントウムシが二種類いる。ミカドテントウは体長四ミリ、上翅が黒く無紋の小さなテントウムシで京都

国蝶 オオムラサキ

府下で分布が確認されているのはここだけである。冬にはイチイガシの葉裏で集団で越冬する。近年、奈良公園、和歌山県大塔などでも発見されている。もう一種のオオツカヒメテントウはこれも体長一・五ミリの小さなテントウムシで、上翅は黒く後方にハート型の黄色い斑紋がある。九州で採集され、新種記載されたものであるが、京都では糺の森、大原野、奈良公園で発見され、その後、和歌山県の古座川でも確認されたという。両種ともイチイガシの葉上や樹皮下で越冬する。イチイガシがあることが必須である。もちろん、イチイガシは糺の森にもある。

多くの昆虫類ではその食草・食樹が決まっている。昆虫愛好家は目的の昆虫をその食草・食樹があることを確認し、採集する。多くの植物で構成される社叢にはそれだけ多様な昆虫が生息できるということだ。身近なところで見られるアゲハチョウの仲間でも、アゲハチョウ（ナミアゲハ）の幼虫はサンショウ、ミカン、カラタチなどの樹木の葉を食べ、キアゲハはニンジン、セリ、パセリ、ミツバなどセリ科の草本、きれいなカラスアゲハはコクサギ、キハダなど、ジャコウアゲハはウマノスズクサを食べる。植物の種数が多ければ、それに頼る動物の種数も多くなる。

社叢の樹木と関連する代表的な昆虫が、幼虫が玉串に使われるオガタマノキの葉を食べるアゲハチョウ科のミカドアゲハであろう。本種の分布は本州（三重、和歌山、広島、山口）、四国、九州、沖縄であるが、台湾以南の東南アジアにも広く分布する南方系のチョウである。先に紹介した三重県の伊勢神宮が北限とされている。高知市潮江《うしおえ》天満宮境内、要法寺境内、潮江中学校校庭が「ミカドアゲハおよびその生息地」として、国指定の特別天然記念物である。

オガタマノキは神社境内にサカキとともに植えられ、結実しているものも見るが、私自身は落下した種子が発芽しているのは見たことがない。神社に植えられたものでも、その種子は発芽しているのだろうか。

確かめたいことだ。それはともかく、ここ一〇年の暖冬・温暖化でナガサキアゲハ、クロセセリ、クマゼミなど南方系昆虫類の北上、分布拡大が報告されている。食樹のオガタマノキが先に神社に植えられているのだから、このチョウが飛んできても産卵できる。ミカドアゲハの分布拡大に社叢が貢献するのかも知れない。

三重県松阪市の阿射加《あざか》神社の社叢（市指定天然記念物）はスダジイ・アラカシ・ミミズバイなどで構成されているが、ここには暖地性の常緑の低木ヤマモガシがあり、これを食草とする昼間飛ぶきれいな蛾の一種サツマニシキが生息し、分布の北限がここだとされている。社叢が果たしている役割をこんなことでも知ることができる。

京都は三方を山に囲まれた盆地で、その山麓には神社・寺院がつながるが、それらはいずれも湧水・渓流のあるところを選んでいる。市街地に近いところだが、ここでキマダラルリツバメというシジミチョウ科のきれいなチョウを案外簡単に見ることができる。後ろ翅に特徴ある二対の長い尾状突起をもち、表は紫色の金属光沢、裏は和名のとおり黄色に黒いまだら模様がある。本州各地に分布するもののいずれも局所的である。環境省レッドデータでは準絶滅危惧種（ＮＴ）にランクされている。このチョウが分布する東山が京都の自然２００選（京都府指定）で「キマダラルリツバメ・ゲンジボタルの生息する疏水（哲学の道）」として選ばれている。

実はこのチョウの幼虫はサクラ類、アカマツ・クロマツなどの老木

キマダラルリツバメ（写真　保賀昭雄）

に巣をつくるハリブトシリアゲアリなどの巣に運ばれ、アリから口移しに餌をもらい、アリは幼虫がだす蜜をなめるという共生関係にあるらしい。羽化した成虫はクローバー・ヒメジョオン（ヒメジオン）などの花を訪れ吸蜜する。このチョウが生息できるのも神社・寺院に古木・老木がたくさんあり、ここにアリが巣を作っているからである。老木を景観が悪いといって伐ってしまうことが多いようだが、こんな役割も果たしているのだ。

四　最後の逃げ場

滋賀県湖西の志賀町（現・大津市）は琵琶湖湖畔（標高八六メートル）から比良山系の最高峰武奈ケ《ぶなが》岳《たけ》（一二一四メートル）までがわずか五キロの間にある。同時に、琵琶湖湖岸と平行に都市域（居住区）、水田、畑地、ＪＲ線、国道、湖西高速道路が走る。森林も湖岸のクロマツ林、斜面下部のアベマキ・クヌギなどからなる雑木林（里山）、スギ・ヒノキ人工林、そして斜面上部のブナ天然林へと狭い範囲で変化する。湖岸の居住区にはタブノキ、シイなどからなる照葉樹林の社叢をもついくつかの神社がある。

この志賀町を対象に、等脚類といわれるヒメフナムシ、ダンゴムシ、ワラジムシ類の分布を調べたことがある。これらはエビ・カニなどと同じ甲殻類の仲間で、翅をもたず大きな移動はできない。環境の影響を大きく受けるものである。この仲間の多くは海産、あるいは淡水性であるが、海岸にいるフナムシに似ているがずっと小型のヒメフナムシ、海中にいる体長四五センチにもなるオオグソクムシに似ているが、陸生で、触るとまん丸くなるオカダンゴムシ、草履のように扁平なワラジムシなどが、落ち葉の下などにいる。

とくに、オカダンゴムシはどこにでもいて時に家の中まで入ってくる。子供たちには人気の虫だが、お母さんたちには嫌われ、不快動物として殺虫剤をかけられている。植えたばかりのキュウリやパセリの苗などを食べる害虫でもある。

実はこのオカダンゴムシ、もともと日本にはいなかった外来種である。今では、おなじみのものだが、古い日記や小説の中にも書かれていないし、江戸時代の百科事典『和漢三才図絵』などにもまったく描かれていない。昔からいたものなら、たくさんの地方名（方言）があっていいはずだが、せいぜいマルムシとかボールムシくらいしかない。これは昔はいなかったという証拠であろう。

オカダンゴムシが学術論文に登場するのは昭和一八年（一九四三）のこと、テマリムシ（手鞠虫）として紹介されるのが最初である。その中で、横浜など居留地にいるとしている。このオカダンゴムシが戦後、交通網の発達で、急速に分布域を拡大したのだが、現在でも離島や交通不便なところにはいない。北海道に定着したのも最近のことである。

急速に分布域を拡大できたのはキチン質でできた硬い外骨格をもち、わずかの刺激でもからだを丸め外敵から身を守ることができる防衛力の高さに加え、何でも食べるという食物選択の幅の広さ、繁殖力の旺盛なことなどによる。高速道路の中央分離帯など、きわめて厳しい環

ニホンヒメフナムシ

境のところでも生存できる。ところが、実は日本にも在来のダンゴムシがいる。シッコクコシビロダンゴムシの仲間である。外来のオカダンゴムシの体長は一・五センチ、体重は二五〇ミリグラムにもなるが、在来種は体長せいぜい五ミリ、体重も三〇ミリグラム程度である。これではとても太刀打ちできない。同様に、在来のニホンヒメフナムシも十分な水分のある落ち葉の下などにしか住めない。

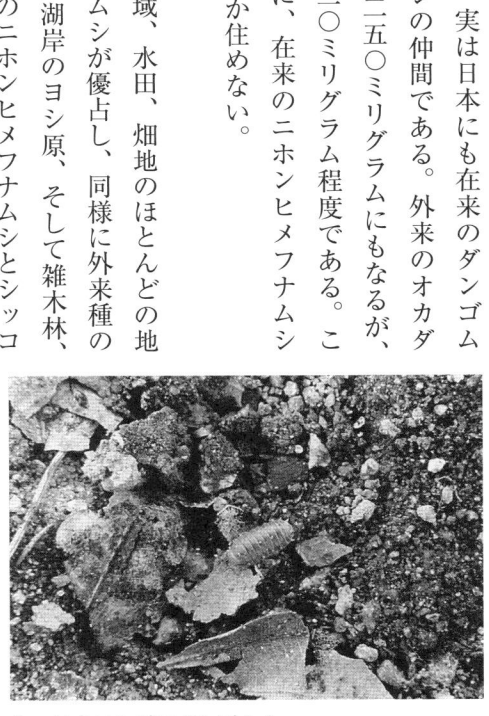

琵琶湖湖岸に沿ったクロマツ林、都市域、水田、畑地のほとんどの地点ではすでに外来種の大きなオカダンゴムシが優占し、同様に外来種のホソワラジムシが生息していた。一方、湖岸のヨシ原、そして雑木林、さらにはヒノキ林、ブナ林などには在来のニホンヒメフナムシとシッコクコシビロダンゴムシがいた。

シッコクコシビロダンゴムシ

ところがわずかに残る都市域にある社叢にも、在来のニホンヒメフナムシとシッコクコシビロダンゴムシが見つかったのである。これらの在来種は追い立てられて、やっと社叢で生き延びているようだ。生物は環境の変化に耐えられないもの、弱いものから消えていくのである。大都市の神社でも同様なことが起こり、小さな動物たちが社叢を最後の生息地しているにちがいない。

動物は植物と異なり、季節ごとで出現する種類がちがうので、調査は一年を通じて行う必要がある。京都・下鴨神社糺の森のテントウムシの例を述べたように、小さな社叢でも分布上貴重な昆虫が生息している可能性がある。特殊な種に注目するだけでなく、普通種にも注意を払い、社叢全体としての動物相の解明・記録を目指したい。そのことにより社叢の果たす役割・重要性、その保全・保護の大切さがもっと強調できることになる。

第4章　社叢の現代的役割

社叢の果たす役割と問題点

これまで述べてきたように、長い歴史の中で、人と社寺・社叢の関係は変化しながらも、身近な存在として維持されてきた。元来、社寺は信仰の中のものであるが、現在では宗教法人法など種々の法令で守られるようになっている。しかし、守り続けられているのは、変化したとはいえ、そこに現代的意義があるはずだ。ここでは社叢に焦点を当て、社叢の意義を考え、社叢にふりかかる問題を検討してみたい。

一　東日本大震災で果たした神社の役割

神社も住民も消えた

神社・社叢には広い空間面積のあること、高台にあること、緑地をもつことなどで、防災避難地として果たせる役割がある。東日本大震災はマグニチュード九・〇という気象庁観測史上最大という巨大なものであったが、震源地は遠く三陸沖約一三〇キロであったこともあり、被害は地震そのものよりも津波による方が大きかった。

社叢学会ではこの被災地の神社・社叢がどうなっているのか、その被害状況を知り、神社の再建や社叢の復旧について提言しようと、被災直後から継続調査している。私自身もこれに参加し、岩手県・宮城県内の約五〇社を継続して調べてきた。この災害の中で、神社・社叢の果たした役割がわかる、逆に、できなかったこと、問題点もわかるのではと思った。調査から感じたことをまず述べておこう。

東北地方太平洋側沿岸部の神社の特徴は境内に羽黒山、山祇《やまつみ》神社、月山神社、山神、庚申塔などの大きな石碑がいくつも立つこと、関西なら大きく口をあけ笑っているような狛犬さえあるのに、この地域の狛犬がどれも怖い顔をしていることだ。祭礼のときに行列に加わる剣鉾が境内に立っているのも、関西にはない神社の雰囲気だった。

津波の被害は海岸からの距離、地形、神社の位置する標高などで異なったが、仙台、岩沼など平野海岸部と、宮古、陸前高田など海岸近くまで丘陵が迫るリアス海岸で大きくちがった。津波は仙台、名取、亘理《わたり》、山元など、仙台平野では海岸から五キロもの内陸まで侵入した。ここの海岸沿いには伊達政宗の命によりつくられた運河・貞山堀《ていざんくつ》があり、この両側にはマツ林が続き、その中に村落ごとの神社、たとえば、名取市閖上《ゆりあげ》の日和山富主姫《とみぬしひめ》神社、山元町の八重垣神社などが

狐塚　小さな小山にクロマツに囲まれて祠があったが、結局、これも枯れた

あったのだが、多くは本殿など建物はもちろん、鳥居、灯篭まですべてのものが流失していた。

一方、リアス海岸部では海岸近くにある神社では参道は破壊されていたものの丘陵の上にある本殿は無事だったところが多い。宮城県女川町の山祇神社では水産加工場で働いていた中国人研修生が参道を駆け上がり全員助かったものの、ここへの避難を指示したあと、自宅に戻った専務が還らぬ人となったことが報道された。

震災から三か月後、仙台平野の仙台市宮城野区蒲生《がもう》の神社を調査したときのこと、集落の民家の窓ガラスはすべて破られ、そこにカーテンや家具がぶら下がり、まだ、田んぼや畑にはたくさんの車や船がひっくり返ったまま放置されていた。内陸に向かって折れ曲がった電柱の先にはごみが引っかかったままで、これが津波の高さを示していた。異臭とハエの飛び交う中、災害復旧のための列をつくるダンプカーに挟まれながらたどり着き、やっと見つけた天照皇大神宮（明神社）は津波によって社殿など建物は跡形もなくなっていた。瓦礫の中に倒れている石の鳥居と礎石を見つけ、ここに社殿のあったことがわかった。

このひどい惨状を見ると、調査をしながらも、神仏がいたらこんなむごいことはしない、被災者は神仏の存在など信じていないだろうと思った。ところが、そこにあった倒れた擬宝珠《ぎぼし》の上に新しい賽銭がおいてあった。私たちより先に確かに人が来ていた。神も仏もいないと、恨みさえあるはずなのに、ここへ来ている人がいることを知った。大惨事の中、助かった人が感謝に来たのだろうか、一枚のコインが心に残った。

救援の基地

その災害の中で神社はどんな役割を果たしたのか知りたかった。大きな神社には社務所、参詣者宿泊所などの施設や駐車場があり、湧水・小川などがある。石巻市の伊去波夜和気命《いこはやわけみこと》神社（大宮神社）では本殿が小さな山の上にあったことで津波の直撃を免れた。ここに逃げ込んだ人は助かり、雪の降る中でたき火をし、寒さに耐えながら夜明けを待ったと聞いた。被害を免れたこの神社が避難民を受け入れ、炊き出しをし、発電機で発電し、ラジオでの情報提供をするなど、大きな貢献をしたのである。

被災後すぐに神道関係からの救援物資を受け入れ、さらには救援ボランティアを受け入れ、仮設テントやトイレを設置し、被災した方に灯油、食糧、毛布、飲料水を提供するなど、長く活動を続けたところもある。この実際を見て、規模の大きな神社は災害時避難地としての役割が果たせる、避難地として適当だと思われたのに、どこも避難指定地ではなかった。政教分離をきびしく考えているようだが、避難地指定にこれはあまりこだわらなくてもいいのではと思った。

折れた石の鳥居（石巻・大宮神社）

神社は氏子、コミュニティあってのものだといったが、津波によって社殿も神輿も流され、祭りを支えた集落自体が壊滅したところも多い。被災した人々は遠方の仮設住宅に移ったり、縁者を頼って遠くへ移住したりした。神職はもちろん、総代もいなくなり、地域を支えた氏子組織も大きく壊れた。津波の再来を怖れ住宅地として認められない地域もある。幸いにして、社殿や神輿が残ったところでも、神輿を担ぐ人がいなくなっている。

石巻市の石《いその》神社・葉山神社（石峰山里宮）を筆頭に、この地域の神社には神楽が保存されているところが多い。石神社では新しい社殿をより奥地に新築し、神楽も復興され神社に奉納されている。もとの住民はあちこちの仮設住宅に移っているが、祭礼や神楽には戻ってくるという嬉しい話を聞いた。

ほかの神社では地域住民がいなくなって、神社再建の話などとてもできないところもある。これから神社の再建はできるのだろうか、コミュニティが再びつくれるのだろうかと、大規模な復旧工事が行われる中で気になった。それでもいくつかの神社では、もとの場所に小さな新しい祠が建てられていた。あれだけの被害を受けながらも、やはり神の力を信じ、神に頼っている。大きなお社でなくてもいい、小さな祠が人々を集めることができる。貴重な体験であった。今後、どう展開するのかその変化を見届けたい。

津波で破壊された石神社本殿（石巻）

二　社叢の果たす役割

東日本大震災被災地での神社調査から神社の果たした役割を先に述べたのだが、ここでは社叢の果たす役割について考えてみたい。

社叢の果たす役割は次の五つに集約できるだろう。

①社寺を守る

信仰の対象としての神社・寺院があることで、その周囲の社叢が守られ、社叢の存在によって社寺の静寂さ・荘厳さ、森厳さが守られている。そこにある巨樹・巨木は社寺のたたずまいに風格と落ち着きを与え、逆に巨樹・巨木のあることで、そこに社寺のあることがわかる。このことは京都府でも、自然環境が社寺の歴史的文化遺産を守り、歴史的文化遺産があったから周辺の自然遺産が守られてきたのだとの理解から京都市北部の峰定寺《ぶじょうじ》のある花脊大悲山、石清水八幡宮のある男山、下鴨神社のある糺《ただす》の森、建勲《たけいさお》神社のある船岡山などが歴史的自然環境保全地域に指定されていることでもよく理解できる。

社寺はもともと氏子・檀家はもちろん、地域住民のこころの拠り所であった。守りごとやもめごとを神仏の前で相談し、決めてきたのである。そのことによって、神事・仏事はもちろん、村落でのさまざまな伝統行事が現在まで受け継がれ続けられてきた。地域社会（コミュニティ）維持の役割を果たしてきたということだ。

その社寺は歴史的価値の高い建築、神像・仏像、絵画・彫刻など文化財、雅楽・神楽・歌舞伎、あるいは種々の儀式・祭礼などの無形文化財の維持・保全を果たしてきた。その社寺を社叢が守ったのである。さらには、そこが伝説・伝承・歴史の舞台になったところも多い。社寺がなくなれば、それらも同時になくなり、忘れられてしまうことになる。

②防災避難地・環境保全

都市域であれ、農山村であれ、社叢は貴重な緑地になっている。そこには渓流・湧水など、生活に必須の水があり、大きな社寺では参詣者用の宿泊施設をもっている。東日本大震災で果たした社寺の役割を知ると、災害時避難場所として社寺を指定しておいていい。また、都市域では、樹木の葉が騒音を吸収してくれることによる騒音防止、空中の汚染物質を吸着させるなどによる大気浄化、ビルなどからの太陽光の反射やエアコンなどからの排熱によるヒートアイランド現象の緩和など、環境浄化にも大きな役割を果たしている。確かに、社叢の中に入ってみると周囲の騒音が減り、涼しさを感じる。

もう一つが防火への役割である。葉の含水率は高く、これ自体が耐熱性をもつ。とくに、イチョウやサンゴジュは防火樹としても知られている。関東大震災でも阪神淡路大震災でも樹木のある社寺で火が止まった、ここで焼け止まり・鎮火したといった例は多い。

③生物多様性の維持

社叢がその地域の原植生（極性相）を保存している例は多く、そこが貴重な動植物の分布・生息地になり、天然記念物の指定を受けているところも多い。それら貴重な動植物だけでなく、ありふれた動植物の減少・絶滅が急速に進んでいるとき、それら動植物が都市域では社叢を最後の逃げ場所としている。

京都府下の天然記念物でも国指定のものは常照皇寺《じょうしょうこうじ》の九重桜、善峰寺《よしみねでら》の遊龍松、市指定のものでは西本願寺御影堂のイチョウ、大徳寺仏殿のイブキ、白峯神社のオガタマノキ、知恩院のムクロジ、金閣のイチイガシ、伏見・金札宮《きんさつぐう》のクロガネモチなど、社寺にたくさんある。松尾大社にはカギカズラ（鉤蔓）があるが、ここが自生の北限地だとして、市指定の天然記念物である。カギカズラは石清水八幡宮と醍醐寺にもあるが、どちらも社叢だ。

『京都市の巨樹名木』（一九七四～一九八九年）には二三四本もの樹木が記載されているが、そのうち神社に七〇本、寺院に一一〇本ある。京都市の『区民誇りの木』（二〇〇一年）には全部で八七二本が掲載されているが、神社に二五四本、寺院に一六五本ある。もっとも多いのが、ここでもクスノキ、次いでソメイヨシノ、エノキ、イチョウ、ケヤキである。

勧修寺経雄『古都名木記』（一九二五年）に掲載された京都の名木は二〇八本、そのうち一四三本が社寺にある。伝説・伝承のある樹木が京都の社寺にたくさんあることがわかる。田中武文『植物風土記―近畿の巨樹・老木』（一九七二年）には近畿地方の巨樹・老木一一八本が記載されているが、そのほとんどが社寺境内、あるいは門前にあるなど、社寺と何らかの関わりがある。京都は長く都であったところ、歴史の舞台であったところだけに、伝説・伝承の場所が多いのだが、それに関係する樹木がまだ残されているということだ。

④自然教育・環境教育への利用

社寺の境内・社叢には多様な樹木・植物があり、それに頼って多様な動物が生息する。そこには鏡池、御手洗の小川、修行の滝、放生池、行場などがあり、自然はより豊かなものになっている。学校近くの社叢での自然観察など、自然教育・環境教育への利用がもっと図られていい。そのためには、そこにどんな植物があり、どんな動物が分布するのかといった調査をし、それを公表しておく必要がある。

⑤レクリエーション

社寺はもちろん宗教施設ではあるが、都市域にあれば、朝夕の、あるいは夏の暑い日の散歩に社寺を訪れる方も多いし、山頂や奥山にある奥社（奥宮）・奥の院への登拝は登山・ハイキングにもなる。古くの伊勢参り、金比羅《こんぴら》詣り、熊野詣、今でも盛んな西国三十三所観音霊場めぐり、四国八十八ヶ所巡礼、秩父三十四観音めぐり、あるいは全国一の宮めぐりなどは、清浄な宗教行事であり、これをレクリエーションといっては叱られるかも知れないが、それは旅行・ハレの日でもあり、からだも心も快濶にしてくれるのも確かである。

癒しの森

集印帳あるいは集印軸（掛け軸）をもって多くの参詣者が社寺を訪れている。御集印ブームである。ある寺院を訪れた時、駅のスタンプを押された集印帳を出されたと嘆いていた。心をこめて書かれる方のことを思えば、集印帳とスタンプ帳は別にすべきであろうが、集印帳にスタンプが押されていることもあり得ることだと思った。神社の絵馬や寺院のお札を集めておられる方もいるし、各社寺の特徴あるお守りを集めておられる方も多い。絵馬はもともと馬を拝納したことに由来するというが、その絵馬は神社ごとに違う。多くは五角形でそれに焼印が押されたり、絵が描かれているが、伏見稲荷大社ではキツネの顔、下鴨神社河合社では手鏡形などそのかたちは多様になっている。お守りはカミの霊力が込められた護符である。しかし、その霊力は一年であるとされる。もう、それらの写真集まである（光村推古書院編『京都　お守り手帖』二〇〇五年、梓結実『京都の御朱印』淡交社、二〇一八年、八木透監修『全国の美しい御朱印』マイナビ出版、二〇一七年）。御朱印集めのスタンプラリーは広い意味の観光ではあるが、訪れることで神仏への敬い、感謝の気持ちがでてくるはずである。

縁結びの神、学問の神、商売繁盛の神など、神様にもそれぞれ得意分野がある。それぞれが合格祈願、安産祈願などのお守りを授与することはわかるが、学問の神様のところに、安産祈願、交通安全などたくさんの種類のお守りがあった。こんなのありかなとちょっと思った。

社寺はあくまで神仏への拝礼のための場所であるが、その役割を考えれば、その利用はもっと広いものと考えられていいのだろう。たとえば、最近のブームが神社・寺院のパワースポットだ。伝説・伝承が伝えられ、深い森の醸し出す雰囲気は、超常現象を現実のものとし、さまざまなご利益が授けられる。このようなパワースポットめぐりも

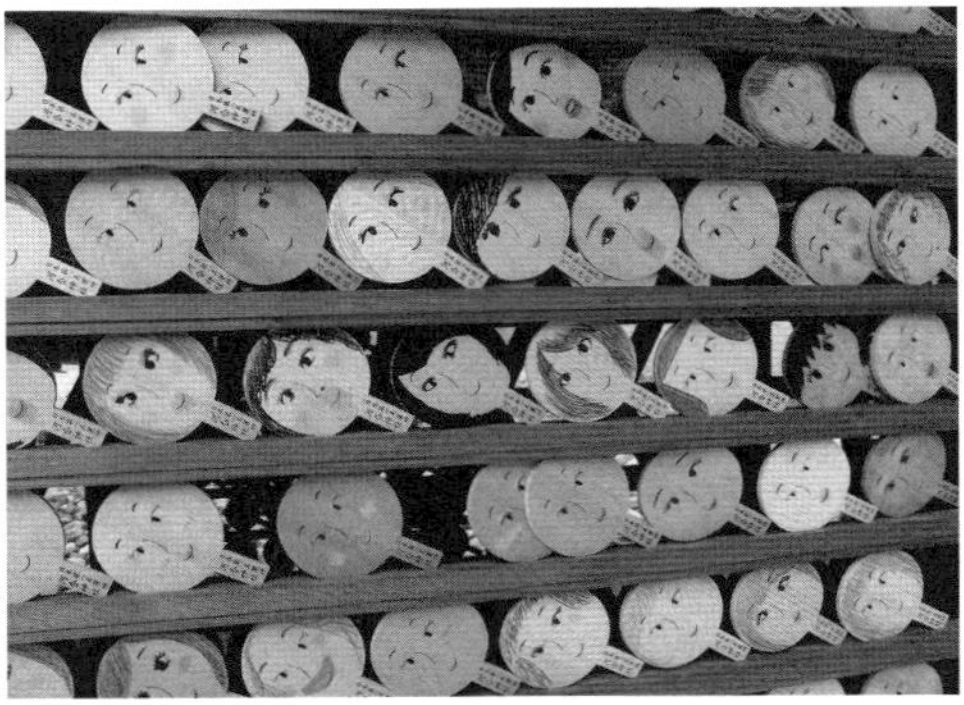
ほほえましい絵馬（下鴨神社摂社河合神社）

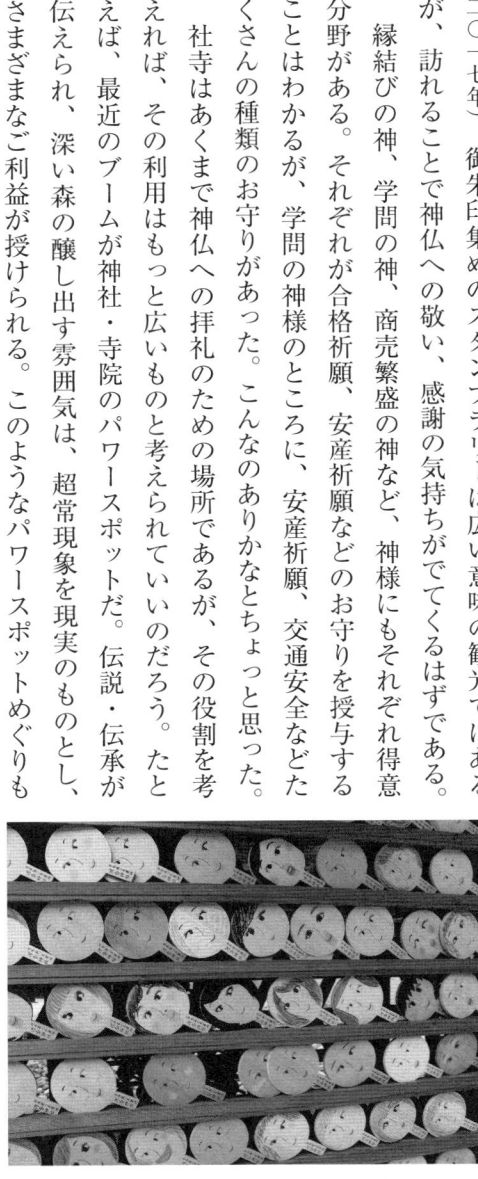

である。

森林浴・アロマセラピーがブームになっていることはうれしいのだが、社叢にも同様な効果があるといわれている。しかし、その効果を樹木から発散される揮発性物質にだけ結びつけることには少し躊躇がある。確かに森の中や社叢に入れば、気温も下がりすがすがしくなる。森林にくらべれば規模は小さくなるにしろ、社叢でもそれに似た効果はあることは確かだ。これは木々から発散されるアルファ・ピネンなどのテルペン類を主とする揮発性物質によると説明されている。

分析機器の発展により、空中に漂う多様な揮発性物質が検知・確認されているが、それらの濃度は空気中にわずか一億分の一、あるいは一〇億分の一だともされている。しかし、私たちのからだも敏感で、そのわずかの量を感知し、その空気を吸い込むことで、精神の落ち着きをもたらし、快潤にもなるようだ。釈迦がインドボダイジュの下で瞑想にふけったのも、孔子がカイノキ（楷樹）の木陰で道を説いたのも、京都・高山寺の明恵上人が樹上で座禅したのも、樹木あってのものを感じ取っていたからであろう。森林浴も社叢の果たす役割の一つであること、樹木の存在が重要な役目を果たすことは認める。

しかし、もし、揮発性物質だとすれば、より高い濃度ほど効果があるということになるのだろう。となれば、一番多くの葉をもっている森林がいいはずだ。それは一年中葉をつけている常緑樹、それも数年分の葉をもつヒノキ、モミ、ツガなどの針葉樹である。それらは冬でも葉をつけている。ブナやミズナラなどの落葉広葉樹の五〜六倍もの葉をつけている。葉からの揮発性物質はこれらがもっとも多いはずだ。ところが、神木のヒノキについてでも述べたように、ヒノキの林内は普通まっ暗だ。こんな暗い森の中に座っていたら、愉快になるより反対に気が滅入ってしまう。

森林浴には、いくら葉の量が多い、漂っている揮発性物質が多いといっても、暗いヒノキ林よりも明るいブナやミズナラなどの落葉広葉樹林の方がいい。それも葉のない冬でもいい。揮発性物質がそれほど効果があるのなら、朝のラッシュ時に満員電車の天井からこれを流したらいい、靴を踏まれても怒らないで、みんな笑顔になるはずだ。

やはり、梢を渡る風の音、野鳥の鳴き声、鳴く虫の音、渓流のせせらぎ、遠くの滝の音、樹木や草本の花の香り、舞い上がる蝶、ヘビやトカゲの出現、クモの巣に引っかかった驚き、珍しい植物やキノコに出会ったうれしさ、それに日常から解放されたハレの日の解放感、適度の運動での汗、それらすべての組み合わせによっての興奮と爽快感が得られるのではないだろうか。単純に揮発性成分の濃度でつくりだされるものではないだろうと思う。しかし、繰り返しておくが、社叢にも森林浴の効果があることは確かだ。

三　社叢が抱える現代的問題

寄せられる苦情

本書では何度も繰り返して、社寺と社叢は一体のものであり、社叢は本来カミ（神）がおられるところ、「不入の森・禁足地」として、大切に守られてきたといった。その中で社叢が果たしている多様な役割についても述べた。しかし、現実にはその社寺・社叢の維持・管理に対し、いくつもの問題が投げかけられている。その今日的問題を知り、社叢の維持のためにその問題の解決に取り組まないといけない。

社叢、とくに、都市域にある社叢は、今ではどこも住宅地に囲まれている。そのため周辺家屋への落ち葉の飛散、巨木があることで日蔭になること、倒木のおそれ、さらにはカラス・ムクドリ・ドバトの塒《ねぐら》になることでの騒音・糞害、ハチが巣をつくる、蚊が発生するといったさまざまな苦情が、直接、社寺に寄せられている。その一方で電気製品や畳、自転車などの大型ごみの不法投棄などの不届きな行為も受けている。社寺に隣接して住んでいても、氏子・檀家でない人も多くなり、社寺との関係が疎遠になっているのも一因であろう。

このため社寺の塀を越えてはみだした枝の伐り落とし、大径木の伐採が行われている。電線にかかる樹木の枝も容赦なく伐られている。さらには社前・門前にある注連縄《しめなわ》を巻かれた巨木が交通の邪魔だとして、いとも簡単に伐られてしまう。これも祟りがなく罰が当たらないので簡単に伐られてしまうのだろう。神木の伐採に対し、神様が最近少しさぼっている、もっと祟り、罰を当ててほしいと雑文を書いたことがある。しかし、やはり神頼みはやめて、私たちで解決しよう。確かに神木とされるものが簡単に伐られているが、それらの多くは老齢木である。倒れて参拝者に危害を加えるおそれ、建物に当たるおそれがある場合、それらの樹木はお祓いをして、神様に伐ることをお許しいただこう。

太枝を落されたムクノキ
（京都・櫟谷七野神社）

私の主張は社寺、その社叢が氏子・檀家だけで維持できなくなっている現在、また一般の人々も社叢が存在することでの大きな恩恵を受けていることを知るとき、老齢木・支障木などはお祓いを受けたうえで、伐採しようということだ。自然保護に対する理解が進んだことは喜ばしいのだが、樹木の伐採に対して時に対話なしの感情に走った意見を聞くからである。

社叢は不入の森・禁足地の伝統から、やはり暗いものである。都市域はもちろん農山村でもその暗さが防犯上問題だとされ、社殿の周囲に街灯をつけたり、林内を明るくするため樹木を伐採したりしている。操作の簡単な電動草刈り機の普及で、サカキだけを残し、林床がきれいに掃除されることが問題にもなっている。貴重な植物が刈られてしまうのである。この場合も、そこに貴重な植物があることを知っておいていただく必要があろう。

不入の森・禁足地の伝統と放置は別物

一方で、不入の森・禁足地が伝統だといって、放置している社叢もある。確かに、十分な広さがあり、巨木・老木が倒れても建物への被害の心配がない場合など、倒木はそのままにする方がいい。それらにつく小さな昆虫やキノコなどに生息場所を提供することになり、社叢の生物多様性維持に役立つからである。樹木にも寿命がある。老木が枯れるのは宿命である。大きな社叢では枯れても自然のままに放置することも許されるが、小さな社叢では、放置すれば、より大きく植生を変化させ、生物多様性の維持などの役割が果たせなくなる。不入の森・禁足地として手を入れないのと、さまざまな問題があるのに何もしないで放置するのはちがう。

西日本では社叢にコナラ・アラカシ・シイなどが枯れるカシノナガキクイによる「ナラ枯れ」の発生、マツクイムシによる「マツ枯れ」、そしてシュロ・モウソウチク・マダケの侵入・繁茂が起きている。京都・伏見稲荷大社では「ナラ枯れ」によって、コナラが大木から順に枯れた。参道近くでは倒木によって千本鳥居を壊すおそれもあったし、参詣者に当たったりしたら、それこそたいへんである。禁足地・不入の森だといっても放置は許されない事態であった。マツ枯れやナラ枯れは早期の防除が被害の拡大を防ぐことにもなる。モウソウチクやマダケの侵入くらいなら、ボランティアで処理できると思うが、大木・枯損木の伐採・処理はきわめて危険な作業である。この作業は専門業者に任せた方がいい。

ところが、社叢では山林のように樹木を伐り倒すわけにはいかない。倒す場所がないのである。クレーン車をすぐ近くまで入れ、樹木を吊り上げながら伐らないといけない。しかし、そのクレーン車や運搬のトラックが、そこまでは入れないことが多い。人が登って上から少しずつ伐っていくということだ。その処理はきわめて大きな支出になる。これが現在の中小社寺が抱える緊急の問題である。

関西地方の社叢では鳥類が運んできた種子から発芽したシュロが優占しているところがある。シュロは鳥類が運んでくるものなので、これを防ぐことは難しいが、小さなうちに除去すればいい。タケ類は周囲からの侵入だ。タケ類が侵入すれば林相は一変する。あっという間に侵入し、一度侵入するとその除去はたいへんだ。タケ類の侵入は許さない方がいい。

草本でも林床に外来種のツルニチニチソウがびっしりと繁茂しているところがある。ツルニチニチソウが繁茂すれば、貴重な植物はもちろん、在来の普通種の生育も阻害される。きわめて始末の悪い植物である。これらシュロ、タケ、ツルニチニチソウなどを放置すれば、社叢の景観は大きく壊され、その静寂さ・荘厳さを保つ力は失われてしまう。社叢には不入の森・禁足地の伝統があるのだから、一切、手を加えない方がいいと主張される方がいるが、景観・生態系を維持するためには、これら倒木のおそれのある樹木、ツルニチニチソウやタケはやはり除去した方がいい。放置はよくないと思う。

もう一つの話題はアライグマやハクビシンによる被害である。西日本を中心に各地の社寺の建物に土足で侵入し、壁や戸に傷をつけ、屋根裏に巣をつくり糞を貯める。両種とも外来種である。これも社寺が無人となっていること、放置されていることが、その侵入を許し、被害を拡大させているようだ。もう一つ大きな問題になっているのが、関西で急速に被害が拡大している中国原産の小さなカメムシの仲間クスベニヒラタカスミカメムシ（*Manoniella cinnamomi*）とサクラ類の幹に穿孔するこれも中国原産のクビアカツヤカミキリ（*Aromia bungii*）である。クスベニヒラタカスミカメムシの食害でクスノキの葉がいっせいに落葉するなどの被害がでている。クビアカツヤカミキリの穿孔でサクラ類の樹勢が衰える。早期発見・駆除が一番の防除策だとされているが、その実態を知らないと発生を見落とし、防除が困難になってしまう。

社叢の理想的な姿は、もちろん地域や社叢の規模によりちがったものになるはずだ。社叢で何が問題になっているのか、何か問題はないのか関心をもっていただきたい。

社叢は社寺を守るだけでなく、さまざまな伝承、さらには広く文化が凝縮している奥深いものであることに気づかないといけない。同時に、緑地公園と同様、大気浄化に貢献し災害避難場所にもなっている。社叢はやはり単なる森でない。それは参拝する、利用するだけでなく、国民の文化遺産・自然遺産として、今後どう維持するのか、どう関与すればいいのかが問われている。

金閣も周辺に森があってのものだ

社叢は公共の文化財

一　社寺と社叢は一体のものだ

ここで指摘しておかないといけないことが二つある。一つが、第2章の中の「神社の森と寺院の森のちがい」で強調したのだが、社叢とは社寺の森のこと、つまり神社にも寺院にもあるにもかかわらず、社叢の保護に寺院・仏教団体の関心が少ないように感じることだ。

文字通り、神社の森・鎮守の森であって寺院は関係ないと思っておられるのではないだろうか。確かに、都市にある大きな寺院では、塀に囲まれた境内は堂塔伽藍が中心で、樹木・庭園はあってもそれらは植えられたもの、剪定されたものだ。このような大寺院、あるいはこのような大寺院中心の仏教会であれば、社叢を持たないのだから関心がないのかも知れない。しかし、何度も繰り返すが、比叡山延暦寺・高野山金剛峰寺をはじめ、森の中に寺院がある、あるいは静寂を保つため、周囲に森をもっている寺院は多い。寺院も社叢をもっていること、それが果たす役割を認識し、寺院のもつ社叢の保全に積極的に関心をもっていただきたい。

もう一つが社叢の保護・維持に一般市民の意見が、もっと寄せられていいのではということだ。

社叢が社寺を守り、社寺のあることで社叢が守られてきた。そのいい例が京都の歴史的自然環境保全地域としての指定だと述べた。何度も述べたように、社叢が社寺を守り静寂さ・荘厳さを維持している。境内に足を踏み入れると自然に背筋が伸びるのもその静寂さ・荘厳さゆえであろう。

ところが、私が主張するように、社叢と社寺は一体のものであるとすると、ちょっと腑に落ちないことに気づくはずだ。たとえば、京都・上賀茂神社の本殿・権殿は国宝、四一棟もの建物が重要文化財、また下鴨神社では東・西本殿が国宝、楼門・舞殿など五三棟が重要文化財であるという。所有は社寺のものであっても、その建造物などの歴史的・文化的価値を国民が認め、国民共有の貴重な財産だと認めるから、それらが国宝や重要文化財に指定されているのである。その保存・修理には、もちろん公費が支出されている。

ところが、その国宝・重要文化財の社寺を守る社叢は、それ自体は国宝でも重要文化財でもない。社寺と社叢を一体のものだとすれば、社叢が国宝・重要文化財として同時に含まれてもいいはずだ。上賀茂神社・下鴨神社は世界遺産にも登録されているが、それは文化遺産としての登録、すなわち建造物が中心で社叢そのものは含まれていないようだ。上賀茂神社・下鴨神社の写真から神社を取巻く社叢、そこにある樹木を消去してみればいい、いかに殺風景なものになるか容易に想像していただけよう。社叢があっての社寺であることがはっきりわかろう。

このほか、社寺の建造物そのもの以外にも、そこに保存される仏像・神像、絵画・彫刻などの文化財の補修・修理、さらには雅楽・神楽、多様な祭礼・儀式、芸能などの無形文化財の保存には公費が支出されている。しかし、社叢自体が天然記念物指定を受けているところであっても、枯れた大木の処理、社叢の維持管理に関して公費の支出があった例はまだ少ないようだ。政教分離の問題がでてくるのだろうが、社叢の維持にも公費の支出が当然あっていいはずだ。

そんな中、京都府では「京の森林文化を守り育てる支援事業」として、社寺の森（神社・仏閣などの歴史的遺産と一体となって、地域で大切に守られてきた森林の保全事業）、文化・伝説の森（古道や山城跡などの文化遺産や伝説・伝承の舞台となった森林の保全事業）、伝統行事資源の森（京都府内の伝統行事に用いられる植物を育成するための森林の保全事業）、伝統産業資源の保全（伝統産業の素材に用いられる植物を育成するための森林の保全事業）、名木古木の保全（地域のシンボルとして親しまれている名木や古木など樹木の保全事業）を対象に、これらの事業に対しての財政的支援を始めた。いずれも社叢と関わっている事業である。

これら内面的な問題とともに、いくつかの社叢では外面的な問題、すなわち、社寺に隣接しての高層マンションの建設、空いているところとされての道路、公園、その他公共用地への収用、また社寺の経営上からの駐車場への転換、さらには経営難からの廃業自体も多くなっている。これらは社寺固有の問題ではあるが、それら社寺のもつ歴史的・文化的価値、その社寺を守る社叢の役割を知れば、これは地域社会の問題、現代的問題だと認識できるはずだ。

神社数の正確な把握はむつかしいのだが、約一〇万といっていいであろう。そのうち実際に経営が成り立っているのは、有名神社約一〇〇〇社だといわれる。わずか一パーセントである。小さな神社にとって経営がきわめてきびしいのが現状である。寺院の方は葬式

神社と社叢は一体だ（京都・半木神社）

や法事をまだ仏式で行うことが多いので、その経営は神社よりましのように思われるが、小さな寺院では経営は同様に、きびしいものであろう。農山村では集落の檀家が寺院を支えてきたのだが、過疎化・老齢化で寺院の維持ができなくなってている。

市内にあった社寺が突然なくなり、更地になっていることがある。郊外へ移転した例もあるのだろうが、廃業も多いようだ。京都府下のある山村で訪れたふだん無人の神社で偶然、宮司に会ったことがある。村落ごとにある一七の神社すべてを兼務しているのだといっていた。寺院でももう住職の兼務が多くなっているようだ。社寺の存続、社叢の維持も、現状の把握・認識のうえで考えないといけない。

二　神仏の前での話し合い

社叢も人口減少、少子高齢化、過疎化といった現代的問題と無縁ではない。宗教離れが話題になってもう久しいが、実際、過疎地、とくに限界集落といわれるところでは、多くの社寺が無人になっている。アライグマやハクビシンが侵入する理由でもある。しかし、社寺は氏子・檀家・地域住民の支持があってはじめて維持されるものである。その住民がいなくなっているのである。残念ながら、これでは社寺は存在しえない。森の中でも市内でも、荒れ果てた神社や寺院には独特の雰囲気がある。私自身も、そこは気味が悪いと感じるほどだ。社叢の維持に多様な要因が絡んでくることがわかる。

社叢はこれまでの長い歴史の中で、神仏習合、明治初年の強引な神仏判然令、合祀令、上知令、そして戦後の信教の自由と、急速な社会変化を経て現在に残されたのである。その社叢を守る、維持するのは今も昔も、主体は地域の人々である。ところが、神社の氏子組織、寺院の檀家組織が時代の流れの中で弱体化し、多くの社寺で宮司・住職の兼務も一般化し、都市ではもちろん農山村でも社寺そのものが消滅している。また、神楽・歌舞伎・能など伝統文化を引き継ぐ人や、祭りの山車《だし》や神輿を担ぐ人がいないという事情により、祭事・仏事が執り行えなくなった例もよく報道される。伝統行事といわれるもののその多くは神事・仏事を起源としている。そのために人が集まった。共同や連帯の大切さを知っていたのである。

かつては、社寺が地域社会・コミュニティの中心になり、ここでものごとを合議し、多様な行事・祭礼に人々が集まったのであるが、現実のこのような状況下で社叢の保護を叫んでも、とても事態を食い止められないのではと少し悲観的にもなる。それを宗教上の問題だと、神道・仏教など宗教団体に責任を転嫁してはいけないように思う。

先に述べたように、社寺・社叢は氏子・檀家、あるいは地域社会だけのものでなく、建築物、神像・仏像、絵画など貴重な文化財、さらには雅楽、神楽、多様な祭礼・儀式などの無形文化財の保全、防災避難地、環境・大気浄化、貴重な動植物の分布・生息地など生物多様性の維持、そしてレクリエーションや自然教育の場としても貢献している。それら社寺は所有者である社寺、氏子・檀家の財産であるが、国宝・重要文化財に指定されていることからもわかるように、それらは広く国民の共有の財産でもあるのだ。

これまでの社叢を含めた社寺の維持・保全に果たした地域の人々の努力に感謝しないといけないが、社叢の果たす役割の大きいことを知れば、その利用、今後の維持・保全に広く一般市民の意見が寄せられていいし、そのための公費の支出があってもいいと思う。

京都では梨木《なしのき》神社、下鴨神社などで境内社叢の樹木を伐採してマンションを建設することに多くの市民が反対したが、社叢が果たす役割を認識し、その恩恵を受けている立場から、樹木の伐採に抗議したことの意味はよく理解できる。社叢は社寺の所有であることはまちがいない。その管理に一般市民が口をはさむことになる。それは社寺の財産権を侵害することにもなるのかも知れないが、その社寺を守る権利は一般市民にもあると考えたい。そんな意見を裁判所の法廷でなく、社寺の神仏の前で述べあい、今後のことを話し合い、理解を深めたい。神仏もそれを望んでおられるのではないだろうか。私の主張である。

京都・下鴨神社社叢（糺の森）

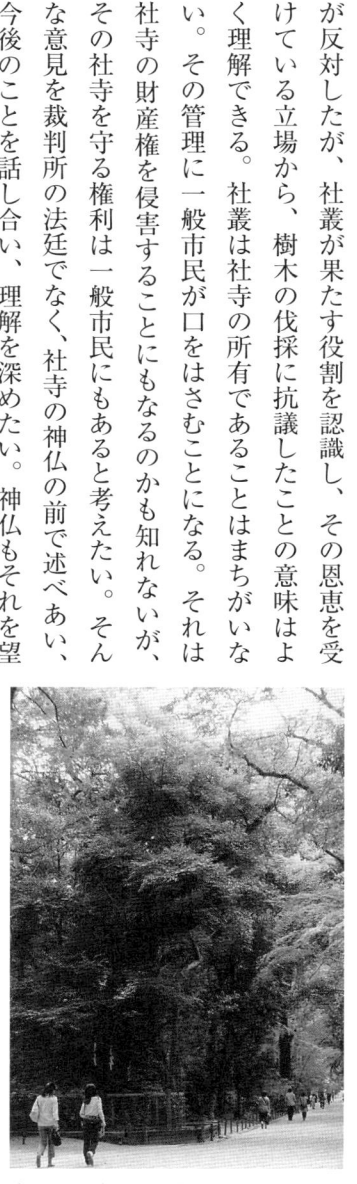

参考文献

梓結実『大きくてよくわかる京都の御朱印』（淡交社、二〇一八年）
文化庁編『宗教年鑑（平成27年度版）』（文化庁、二〇一六年）
バジル・チェンバレン（高梨健吉訳）『日本事物誌』（平凡社東洋文庫、一九六九年）
伏見稲荷大社御鎮座千三百年史調査執筆委員会編『伏見稲荷大社御鎮座千三百年史』（伏見稲荷大社、二〇一一年）
光村推古書院編『京都　お守り手帖』（光村推古書院、二〇〇五年）
本田健一『京都の神社と祭り――千年都市における歴史と空間』（中央公論新社、二〇一五年）
海藤精一郎『神は樹木に降りたまう』（あいわ出版、一九八九年）
金井典美『古典の中の植物――よみもの植物誌』（北隆館、一九八三年）
勧修寺経雄『古都名木記』（京都園芸倶楽部、一九二五年）
川崎寿彦『森と人間　２０００年』（日本林業技術協会、一九八七年）
環境庁編『日本の巨樹・巨木林（全国版）』（環境庁、一九九一年）
京都市景勝地植樹対策委員会編『京都市の巨樹名木』（京都市、一九七四〜一九八九年）
京都市水と緑環境部緑政課編『区民の誇りの木』（京都市、二〇〇一年）
京都府企画環境部「京都の自然２００選」（一九九六年）
『皇室』編集部『「鎮守の森」が世界を救う』（扶桑社、二〇一四年）
近藤浩文『ちんじゅの森』（保育社、一九八二年）
倉野憲司校注『古事記』（岩波書店、一九九一、二〇一一年）
倉本宣監修、川上洋一『鎮守の森にかくされた宝物』（旺文社、二〇〇三年）
笹生衛監修、加瀬直弥編『神社と御神木・社叢「神社祭祀と御神木等に関する調査」報告』（國學院大學神道資料館、二〇一二年）
神社新報社編『護れ鎮守のみどり』（神社新報社、一九八五年）
牧野和春『鎮守の森再考』（春秋社、一九九四年）
満久崇麿『仏典の植物』（八坂書房、一九七八年）
三宅和朗『古代の神社と祭り』（吉川弘文館、二〇〇一年）

宮脇昭『森はいのち――エコロジーと生存権』（有斐閣、一九八九年）
宮脇昭『鎮守の森』（新潮社、二〇〇〇、二〇〇七年）
森田玲『日本の祭と神賑――京都・摂河泉の祭具から読み解く祈りのかたち』（創元社、二〇一五年）
野間光辰編『新修京都叢書　巻一　京羽二重』（臨川書店、一九六九年）
野間光辰編『新修京都叢書　巻四　名所都鳥』（臨川書店、一九六九年）
野間光辰編『新修京都叢書　巻六　都名所図会』（臨川書店、一九六七年）
野本暉房・倉橋みどり・鹿谷勲『神饌　供えるこころ』（淡交社、二〇一八年）
大阪府農林部・世界都市研究会『鎮守の森・保存修景計画基礎調査――風致保安林指定候補地調査』（大阪府農林部、一九八六年）
李春子『神の木――日・韓・台の巨木・老樹信仰』（サンライズ出版、二〇一一年）
篠田康雄監修、小野廸雄『神さま　お宮　鎮守の森――神社のすべてがわかる１２３のポイント』（中外日報社、一九八四年）
滋賀植物同好会編『近江の鎮守の森――歴史と自然』（サンライズ出版、二〇〇〇年）
四手井綱英『森に学ぶ――エコロジーから自然保護へ』（海鳴社、一九九三年）
四手井綱英『もりやはやし――日本森林史』（中央公論社、一九七四年、筑摩書房、二〇〇九年）
四手井綱英『森林はモリやハヤシではない――私の森林論』（ナカニシヤ出版、二〇〇六年）
そうよう企画・編集『神道を知る本――鎮守の森の神々への信仰の書』（おうふう、二〇〇一年）
薗田稔『誰でもの神道――宗教の日本的可能性』（弘文堂、一九九八年）
只木良也『新版　森と人間の文化史』（NHK 出版、二〇一〇年）
田中武文『植物風土記――近畿の巨樹老木』（京都園芸倶楽部、一九七二年）
田中恒清『神様が教えてくれた幸運の習慣』（幻冬舎、二〇一四年）
竹内荘市『鎮守の森は今（追補版）高知県内二千二百余神社』（飛鳥出版室、二〇一〇年）
竹村俊則『新撰京都名所図会』（白川書院、一九六五年）
上田篤『鎮守の森』（鹿島出版会、一九八四、二〇〇七年）
上田篤『鎮守の森の物語――もうひとつの都市の緑』（思文閣出版、二〇〇三年）
上田正昭編『探究「鎮守の森」――社叢学への招待』（平凡社、二〇〇四年）
上田正昭・上田篤編『鎮守の森は甦る――社叢学事始』（思文閣出版、二〇〇一年）

上田正昭監修、上田篤・菅沼孝之・薗田稔編著『身近な森の歩き方――鎮守の森探訪ガイド』（文英堂、二〇〇三年）
上田正昭『森と神と日本人』（藤原書店、二〇一三年）
上田正昭『古社巡拝――私のこころの神々』（学生社、二〇一三年）
鎮座百年記念第二次明治神宮境内総合調査委員会編『鎮座百年記念第二次明治神宮境内総合調査報告書』（明治神宮社務所、二〇一三年）
八木透『京のまつりと祈り――みやこの四季をめぐる民俗』（昭和堂、二〇一五年）
八木透監修『図録　全国の美しい御朱印』（マイナビ出版、二〇一七年）
山折哲雄『鎮守の森は泣いている――日本人の心を「突き動かす」もの』（ＰＨＰ研究所、二〇〇一年）
渡辺一夫『公園・神社の樹木』（築地書館、二〇一一年）
渡辺弘之『京都　神社と寺院の森――京都の社叢めぐり』（ナカニシヤ出版、二〇一五年）

あとがき

一九九五年当時のことだったろう、京都精華大学名誉教授（のち社叢学会副理事長）の上田篤先生が主宰された「鎮守の森研究会」に招かれた。私が生きもの好きだったことで、鎮守の森の生きものをどう調査したらいいのだろうと考える目論見だったようだ。私には研究会での神社の歴史、建築、伝統行事・神事などについて、それぞれの専門家から多様なお話が聞け社叢への理解を深めることができた。木津川市棚倉の涌出宮《わきでのみや》の居籠り祭りを深夜に見学に行ったのも想い出深いできごとだった。鎮守の森研究会を発展・解消させ、これに引き続いての社叢学会の設立に参加した。

社叢学会では前会長上田正昭先生、現会長薗田稔先生をはじめ、理事・会員のみなさんに学会活動の中でさまざまな知識をいただいた。とくに、社叢学会の例会・大会での講演・各地の神社訪問では目からうろこの新しい知識が入ってきた。一人で参拝していては絶対に得られない経験・知識であった。

この間、社叢についての私の考えを述べる機会も増えてきた。社叢の果たす役割、その役割が軽視され社寺そのものが消え、神楽・歌舞伎などの伝統文化、祭事・仏事の伝統行事が消滅している現状への理解を訴えてきた。それらをまとめたのが本書であるが、全国の社叢をすべて見て歩いたあとのものではない。全国の社叢を見て歩いておれば、あるいは認識は少しちがったものになるのかも知れない。

あくまで、現時点での私の認識である。社叢は社寺あってのものとし、社叢が守る社寺・カミ・ホトケについても述べたが、このカミ（神）については、あるいは十分な理解をしていないのかも知れない。このことについてはご教示をいただきたいと思う。そんな不安のあるものだが、社叢・社寺の森を理解していただく一助になればうれしい。

本書の出版にあたってはナカニシヤ出版社長の中西良さん、編集部の石崎雄高、草川啓三さんに種々の有益な助言をいただいた。記して、厚くお礼申し上げる。

令和元年五月

渡辺　弘之

（著者紹介）
渡辺 弘之（わたなべ　ひろゆき）

1939年生まれ、京都大学大学院農学研究科林学専攻博士課程修了、京都大学農学部助手、講師、助教授、教授を終えて、現在、京都大学名誉教授。社叢学会副理事長、滋賀県生きもの総合調査「その他陸生無脊椎動物部会」部会長、ミミズ研究談話会会長、日本土壌動物学会名誉会員。

これまでに日本土壌動物学会会長、日本環境動物昆虫学会副会長、関西自然保護機構理事長、京都園芸倶楽部会長、日本林学会評議員・関西支部長、国際アグロフォレストリー研究センター（WAC）（ケニア、ナイロビ）理事など歴任。

著書

『東南アジアの森林と暮し』人文書院（1989）、『樹木がはぐくんだ食文化』研成社（1996）、『アグロフォレストリーハンドブック』国際農林業協力協会（1998）、『熱帯林の保全と非木材林産物』京都大学学術出版会（2002）、『東南アジア樹木紀行』昭和堂（2005）、『果物の王様　ドリアンの植物誌』長崎出版（2006）、『熱帯林の恵み』京都大学学術出版会（2007）、『由良川源流芦生原生林生物誌』ナカニシヤ出版（2008）、『土のなかの奇妙な生きもの』築地書館（2011）、『ミミズの雑学』北隆館（2012）、『京都　神社と寺院の森　京都の社叢巡めぐり』ナカニシヤ出版（2015）、『琵琶湖ハッタミミズ物語』サンライズ出版（2015）など多数。

神仏の森は消えるのか ―社叢学の新展開―

2019年7月16日　初版第1刷発行　定価はカバーに表示してあります

著　者　渡辺　弘之
発行者　中西　良
発行所　株式会社ナカニシヤ出版
〒606-8161　京都市左京区一乗寺木ノ本町15番地
電　話　075－723－0111
FAX　075－723－0095
振替口座　01030－0－13128
URL　http://www.nakanishiya.co.jp/
E-mail　iihon-ippai@nakanishiya.co.jp

落丁・乱丁本はお取り替えします。ISBN978-4-7795-1400-5 C0045

装丁　草川啓三
印刷・製本　ファインワークス